AF343399

# L'ESPRIT

# DES OISEAUX

PAR

## S. HENRY BERTHOUD

ILLUSTRATION PAR YAN'DARGENT

105 GRAVURES

## TOURS

ALFRED MAME ET FILS, ÉDITEURS

L'ESPRIT

# DES OISEAUX

# DES OISEAUX

PAR

S. HENRY BERTHOUD

ILLUSTRATION PAR YAN DARGENT

DEUXIÈME ÉDITION

TOURS

ALFRED MAME ET FILS, ÉDITEURS

M DCCC LXXXI

# CHAPITRE PREMIER



Il n'est pas besoin de quitter Paris pour étudier, sous leurs aspects les plus curieux peut-être, les mœurs et l'industrie des oiseaux. En effet, soit en liberté, soit en domesticité, soit en captivité, ils s'y trouvent aux prises avec des difficultés plus ou moins contraires à leurs habitudes et à leur nature; il faut, à tout prix et presque toujours sous peine de mort, qu'ils surmontent les obstacles ou qu'ils subissent les inexorables exigences du milieu dans lequel ils se trouvent placés. Ils y parviennent avec une intelligence devant la flexibilité et la portée de laquelle on ne peut se défendre d'un sentiment profond de surprise et d'admiration. Leur manière de faire détruit sans conteste cette singulière prétention de certains naturalistes qui veulent que les animaux n'agissent que par instinct, c'est-à-dire par une sorte de mécanisme inné chez eux. Non, les oiseaux, comme tous les animaux, y compris les insectes eux-mêmes, réfléchissent, calculent, combinent, exécutent. S'y prennent-ils maladroitement d'abord, ils reconnaissent bientôt leur erreur; ils recourent à d'autres manœuvres; ils inventent des moyens plus ingénieux et mieux appropriés à leur but; enfin, avec une persévérance que rien ne décourage, ils arrivent à la réalisation de l'idée qu'ils poursuivent, et ne cessent leur labeur qu'après l'avoir amené à la perfection.

Voilà ce qui se passe à chaque instant sous mes yeux, et voilà ce que je vois sans cesse, assis devant mon bureau, dans mon cabinet, en plein cœur de Paris.

A l'heure qu'il est, par exemple, des moineaux picorent sous mes fenêtres; des hirondelles nichent dans les angles des murs de ma cour; des martinets hantent les cheminées d'où il ne sortira plus de fumée avant l'hiver; des serins couvent dans cinq ou six cages attachées aux balcons d'autant d'appartements; un perroquet caquette sur son perchoir doré; des merles sifflent, au milieu de leur humble logette en osier; des perruches ondulées se becquettent tendrement dans leur volière, comme elles le feraient au milieu des forêts de la Nouvelle-Hollande; j'entends le chant d'un rossignol captif auquel répondent un bouvreuil, des mésanges, des fauvettes; des poules, leur coq en tête, fouillent le fumier de l'écurie dont une dizaine de pigeons couvrent le toit, et un gros corbeau noir, familier du concierge, veille gravement sur un petit enfant qui se roule à terre. Il ne faut point qu'une poule approche de trop près le bébé, car son protecteur hérisse ses plumes et chasse l'importune à gros coups de son bec.

Les moineaux se montrent les plus hardis de tous ces hôtes emplumés. Ils vont partout, et s'érigent partout en maîtres. Les huit nids qu'ils occupent et que je puis compter de ma place, se trouvent placés et construits dans des conditions complètement différentes. L'un, amas grossier d'herbes, de paille et de brindilles, occupe un angle de la remise, sous le conduit de la gouttière. Par une disposition ingénieuse qui honorerait un architecte, les constructeurs l'ont placé de façon à ce que cette large gargouille, qui parfois vomit de véritables avalanches de pluie, ne puisse en laisser tomber une seule goutte sur leur habitation; six autres nids occupent des pots à fleurs que le palefrenier, après en avoir élargi le trou ménagé à leur base, a fixés contre le mur; le huitième, bâti en terre sous une corniche de mon propre appartement, m'a rendu témoin d'un vrai drame; c'est un nid d'hirondelle.

Au retour du printemps de 1859, deux hirondelles construisirent le nid en question sous cette corniche, et employèrent près d'une semaine à mener à bonne fin leur labeur. Il fallait les voir aller chercher au loin les becquetées de terre humide, les pétrir en petites boules, agglomérer ces boules les unes aux autres, et les soutenir entre elles à l'aide d'étais composés de brins de paille. Un maçon eût parfois été embarrassé pour régler les combinaisons nécessaires à rendre solide cette masse demi-sphérique, collée d'un côté contre le mur, et de l'autre s'avançant en large saillie. Parfois les hirondelles hésitaient, parfois elles défaisaient ce qu'elles venaient de faire, parfois elles s'arrêtaient inquiètes, se suspendaient par les pattes pour s'assurer du plus ou moins de solidité réelle de certaines parties qui leur paraissaient équivoques. A d'autres instants, on les voyait suspendre tout à coup leur besogne, et partir ensuite un quart d'heure après à tire-d'aile pour revenir chargées de matériaux qui naguère leur faisaient défaut.

Au plus fort de la besogne, la femelle se déchira la patte à un morceau de bouteille enchâssé dans le mur. Elle voulut néanmoins continuer à travailler avec le mâle au nid presque achevé ; mais il lui fallut bientôt y renoncer, car le sang coulait abondamment de la blessure, et on voyait s'épuiser et presque défaillir la pauvrette. Alors le mâle obligea sa compagne à entrer dans le nid, et se prit à pousser des cris perçants et d'une nature particulière.

À ce signal, deux autres hirondelles qui occupaient
un nid bâti l'année précédente et qu'elles étaient en
train de réparer, s'envolèrent et s'approchèrent en

tournoyant du mâle qui les appelait à son aide. La
femelle de cet officieux voisin entra dans le nid, où
ce dont il s'agissait, détacha de la bâtisse un peu de
terre encore humide, la tritura finement par des

mouvements de va-et-vient de son bec, et appliqua une couche de cette glaise autour de la patte de la blessée, dont bientôt cessèrent peu à peu les petits gémissements, et qui sans doute s'endormait après le pansement qui calmait la douleur de sa blessure. Tandis qu'elle reposait, les deux voisins donnèrent au mâle un coup de main entendu, et achevèrent complétement le nid. Après quoi ils s'envolèrent, retournèrent chez eux, et reprirent leurs propres réparations interrompues par cette bonne action.

Il fallut bien cinq ou six jours à la blessée pour recouvrer sa santé et ses forces.

Je la vis plusieurs fois se traîner péniblement jusqu'à l'entrée du nid, et passer au dehors sa jolie petite tête pour regarder le ciel et les autres oiseaux qui, plus heureux qu'elle, pouvaient voler à leur aise et ne point subir les tristesses de l'isolement et de la captivité au logis.

Le mâle allait du matin au soir à la chasse. Quand il avait pris une centaine de moucherons, ce qu'il faisait en une demi-heure au plus, il revenait et dégorgeait le produit de sa chasse, de son bec, dans le bec de la femelle, qui se laissait faire languissamment et avec tout l'abandon d'une convalescente.

Un matin que le mâle était parti de bonne heure, je vis la blessée sortir tout à fait du nid, se percher sur un des bords, essayer sa patte, se convaincre de la cicatrisation de la plaie, et ensuite lisser ses plumes avec une coquetterie toute féminine; après quoi elle attendit le retour du mâle. Lorsqu'au loin elle entendit certain petit cri par lequel l'oiseau annonçait d'habitude son retour, elle s'élança au-devant de lui. Je ne saurais vous dire le bonheur causé à l'oiseau par cette bonne surprise. Un instant son vol se ralentit, tant le bon cœur éprouvait d'émotions; mais, presque aussitôt, revenu de ce premier mouvement de trouble, il poussa de petits sons joyeux, vola en tournoyant autour de sa femelle, et finit par s'envoler avec elle au plus haut des airs pour bien s'assurer de la complète guérison de la boiteuse.

À quelque temps de là, de mon bureau, d'où je

pouvais observer les moindres mouvements des deux hirondelles, je ne tardai point à voir que la femelle y avait pondu, sur un lit de laine et de plume qui tapissait le fond du nid, six œufs ronds et d'un blanc écailleux, sur lesquels elle se tenait blottie, et qu'elle couvait avec une tendre sollicitude, tandis que le mâle allait à la chasse pour elle et pour lui.

Elle en était au troisième jour de sa ponte et de sa couvée, quand un soir les enfants du rocher, trouvant dans la cour une échelle apportée le matin par des ouvriers chargés de repeindre les persiennes de la maison, appliquèrent cette échelle contre le mur, et, après bien des efforts, arrivèrent à l'un des pots à fleurs qui servait de logement à une paire de moineaux. Ceux-ci, effrayés en sentant leur refuge ébranlé par les efforts des petits maraudeurs qui le secouaient pour le faire tomber, s'enfuirent brusquement, s'envolèrent, et, bientôt revenus de leur premier mouvement de terreur, attaquèrent et frappèrent au visage, de leur bec et de leurs ailes, les gamins; ceux-ci, forcés de se préserver de ces coups, en se voilant de leurs mains, lâchèrent le pot, qui tomba sur le pavé et s'y brisa avec les œufs qu'il contenait.

Les moineaux se réfugièrent sur le bord de la gouttière de l'écurie, et je les vis là, tant que la nuit me permit de les apercevoir, mornes, immobiles, la tête enfoncée dans les plumes de leur cou. J'eus beau jeter devant eux du pain émietté, ils le laissèrent ramasser par les autres oiseaux, sans faire un mouvement pour prendre leur part de cette provende.

# L'ESPRIT DES OISEAUX.

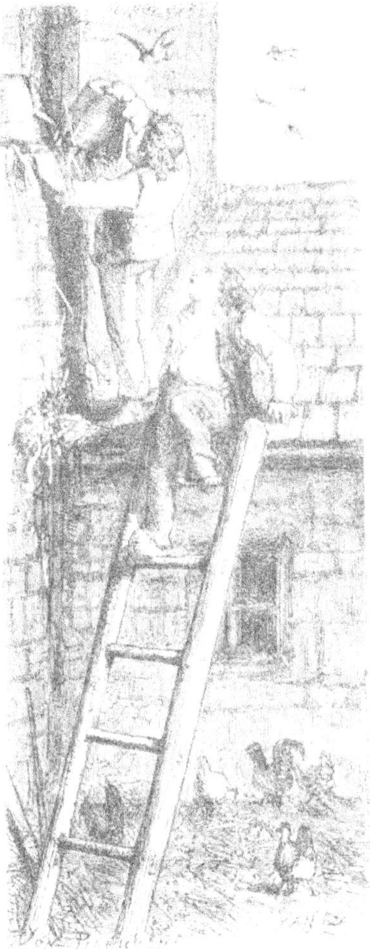

qui attaquaient l'hirondelle femelle, restée seule au logis. Cramponnés au nid, ils frappaient à grands coups de bec la pauvrette, qui cherchait sans doute à se défendre, lui arrachaient les plumes de la tête, et finirent par la malmener de telle façon qu'il fallut qu'elle leur abandonnât la place. Quand ils la virent réduite à battre la chamade, ils se rangèrent pour lui permettre de fuir, entrèrent dans le nid, en jetèrent dehors les œufs, et se blottirent de façon à barrer l'étroite entrée du logis volé, en y plaçant leurs deux robustes becs.

Cependant l'hirondelle jetait des cris désespérés, qui ne tardèrent point à rassembler autour d'elle une trentaine de ses compagnes du voisinage. Celles réunies sur le toit de la maison commencèrent à tenir conseil en attendant le mâle qui survint bientôt. Quand il sut de quoi il s'agissait, éperdu de colère, il se jeta sur le nid, pour le reconquérir par la force; mais ce mouvement irréfléchi ne lui servit qu'à recevoir deux rudes coups de bec sur le crâne, et il revint à tire-d'aile vers le conciliabule, en montrant sa tête sanglante, et en proférant des cris de rage et de vengeance.

Les moineaux répondirent à ces anathèmes jetés contre eux, par des piaillements qui ne manquaient ni d'insolence, ni d'ironie.

Les hirondelles, après avoir longuement délibéré, s'envolèrent chacune de leur côté, et les deux victimes des brigands disparurent elles-mêmes.

Pendant ce temps-là, les usurpateurs s'installaient.

commodément et avec impunité, dans l'habitation dont ils s'étaient si brutalement emparés. Ils jetaient dehors quelques petits débris de coquille d'œuf qui s'y trouvaient encore, et remplaçaient les plumes souillées du lit par des plumes fraîches qu'ils ramassaient tour à tour dans la cour. Je dis tour à tour, car jamais ils ne sortaient à la fois du nid. Toutes les fois que l'un s'en allait à la picorée, l'autre faisait bonne garde au logis, s'avançait, au moindre bruit, à l'entrée de la boule de terre, la barricadait avec sa grosse tête, et montrait, en guise de palissade, son bec, solide, aigu, et qui serre, qui perce et tient au besoin. A la tombée de la nuit, tous les deux redoublèrent de vigilance; ils semblaient évidemment préoccupés, et à chaque instant ils sortaient la tête pour regarder de leurs petits yeux noirs ce qui se passait au dehors.

Tout à coup j'entendis comme une explosion se faite de cris d'oiseaux

## CHAPITRE II



Ce tapage était produit par une centaine d'hirondelles, qui volaient devant le nid volé. Elles le rasaient de leurs ailes, poussaient des glapissements de menace et de colère, et sommaient de déguerpir les deux moineaux; ceux-ci leur répondaient en criant plus fort qu'elles, en les menaçant de leurs becs, et parfois même en arrachant au passage quel-

ques plumes de la gorgerette ou de l'aile des plus
hardies et des plus imprudentes. Il fallait les voir
l'œil en feu, gonflés, hérissés, ripostant à l'injure
par l'injure, à la violence par la violence, et résolus
à rester quand même dans le nid usurpé.

Tout à coup les hirondelles se turent, et d'un commun
accord elles se rallièrent en un groupe, qui
forma dans les airs un véritable nuage noir, et se dispersèrent en tous les sens.

Les moineaux triomphèrent, et le mâle, surtout la
tête, salua d'un air ironique les assaillants qui battaient en retraite.

Comme lui, je croyais les hirondelles forcées de se
retirer et de laisser les vainqueurs jouir en paix de leur
conquête, quand à un quart d'heure de là survint un
fracas qui ressemblait à celui que produisent les ma-
çons lorsqu'ils appliquent le mortier sur les pierres
d'un mur. Chaque hirondelle, un morceau de terre
détrempée dans le bec, le laissait tomber de haut sur
le nid, avec une adresse et une justesse de coup
dont que je ne pouvais assez admirer, et l'y amas-
sait en monceau; elle s'en servait ensuite comme
d'un rempart, qui lui permettait d'avancer sans
danger, et le poussant avec ses pattes au-dessus de
l'ouverture du nid, sur laquelle la matière à demi
liquide coulait peu à peu en l'obstruant à vue d'œil.
En vain les moineaux s'efforçaient-ils de repousser
cette avalanche vaseuse, elle augmentait sans cesse,
et elle ne tarda point à rendre impossible l'évasion
des assiégés et même tout moyen de défense. Alors

la boue arriva plus que jamais, doubla les dimensions du nid, en obstrua complétement l'entrée, et,
pour plus de sûreté, forma par devant un talus épais
de cinq centimètres environ.

Cet acte de *byach* accompli, les hirondelles retournèrent chacune chez elle, et un silence de mort se fit
autour du tombeau muré qui renfermait les Ugolins.

Je n'ai jamais pu savoir un animal souffrant, sans

chercher à le soulager.
Aussi, malgré la con-
duite indélicate des
moineaux, n'hésitai-je
point à faire apporter
une échelle, et à dé-
molir le cachot qui ren-
fermait les victimes.
Je les y trouvai com-
plétement asphyxiées,
sans mouvement, le
bec ouvert, l'œil atone,
la paupière écarquillée,
la tête ballant au ha-
sard, et les membres
flexibles. D'abord je les
crus morts; mais peu
à peu, à force de soins
et en leur insufflant de l'air, je parvins à les ranimer.
Ils commencèrent par se replier sur eux-mêmes,
portèrent autour d'eux des regards effarés, fermèrent
le bec, et cherchèrent à fuir par la fenêtre entr'ou-

verte; la force leur en manqua, et ils retombèrent mortes sur mon bureau.

Sur ces entrefaites, la nuit était devenue tout à fait noire; un orage éclatait et la pluie tombait par torrents. Je fermai ma fenêtre, et après avoir [illegible] de mon travail, dans une petite corbeille pleine de ouate, les chrysalides vivantes, je plaçai près d'eux du papier mouillé, et m'en allai dans ma bibliothèque.

Le lendemain, je [illegible] rentrai en revenant dans mon cabinet de travail, [illegible] les papillons ont achevé à respirer le peu [illegible] des matières de [illegible] renouvelle ce [illegible], [illegible] de la fenêtre, et ils [illegible] presque [illegible], mais je ne fais pas peu [illegible]. [illegible] minutes après, revient se [illegible] contre le plafond du tableau, et ne peux s'en [illegible] quand je m'approche d'eux. Il est vrai de dire que ces [illegible] se trouvaient placés de [illegible] que s'approche [illegible] le rebord de la fenêtre.

La tranquillité sauvage [illegible] que ces [illegible] ont les oiseaux me sais, et [illegible] de placer contre le mur [illegible] la porte de ma [illegible] mes papillons [illegible] de ouate, disposés dans les mêmes conditions que les [illegible] de même espèce que le cocher avait [illegible] à plusieurs de l'extérieur.

Les morceaux qui entraient le long et effectivement [illegible] mon travail, comparent à l'instant dès qu'il s'agissait [illegible] car à peine eus-je fermé la petite [illegible] tube, qu'ils allèrent s'y loger, et que des bouts de l'habitèrent, sans s'inquiéter le moins du monde de leur voisinage avec moi.

Dès lors nous nous montrâmes tous les trois fidèles au pacte d'amitié que nous avions fait tacitement entre nous. Chaque matin je mettais dans une tasse, placée sur la fenêtre, de la mie de pain, des graines, des insectes, et les moineaux venaient, sans façon et sans hésitation, accepter le déjeuner que je leur servais. Pendant qu'ils picoraient gaiement, je pouvais, sans crainte de les inquiéter, passer mon doigt sur le plumage noir et brun du mâle, et sur la livrée plus modeste de sa compagne. Le pis qu'il en advenait, c'était un ou deux coups de bec, décochés plutôt en manière d'agacerie qu'avec l'intention de me blesser. Nous n'avions sérieusement maille à partir que si, par hasard, j'oubliais ou même si je retardais le tribut que je m'étais imposé de payer chaque jour à ces deux suzerains emplumés. Alors vraiment, il fallait les voir, si ma fenêtre restait fermée, frapper contre les vitres à grands coups de bec, me rappeler à mon devoir, par des reproches aigus, et ne cesser leur tapage qu'en voyant arriver la tasse pleine à épancher. Trouvaient-ils, au contraire, la fenêtre ouverte, mais sans provende sur son rebord, ils entraient violemment, me cherchaient partout, m'assaillaient, et ne m'épargnaient ni les reproches tapageurs, ni même les voies de fait. Feignais-je de ne pas me rendre à une volonté si énergiquement exprimée, ils se ruaient sur l'armoire où se trouvaient enfermées les graines, l'assiégeaient, et ne

m'accordèrent la paix qu'après m'avoir forcé à leur
obéir.

Peu à peu mes voisins, de mieux en mieux installés
dans leur pot à fleur, y pondirent, y couvèrent leurs
œufs, et y mirent au monde des petits: si bien qu'un
beau matin je reçus la visite de huit moineaux, au
lieu de deux, et que les nouveaux venus, enhardis
par l'exemple de leurs parents, se mirent, dès le
premier jour de leur entrée chez moi, à en user à
mon égard avec autant de sans-façon

Ne croyez pas, du reste, que mes bons rapports
avec cette famille de moineaux forme une exception.
Je pourrais vous citer de nombreux exemples d'une
semblable familiarité.

Il suffit de se promener aux Tuileries pour voir des
bandes de ces oiseaux accourir à un signal donné
par un vieillard, se grouper sur ses épaules, sur sa
tête, fourrager dans sa bouche, pour y prendre le
pain qu'il y tient enfermé, s'élancer dans les airs,
afin d'y saisir les boulettes qu'il lance, mettre à part
avec lui une confiance sans bornes.

D'autre part, le docteur Jonathan Franklin raconte
qu'un jour, à Newcastle, au moment du départ d'une
corvette chargée de transporter du charbon de terre
à Nairn, en Écosse, on vit deux moineaux se percher et s'installer au haut du mât.

Lorsque le bâtiment prit la mer, les moineaux,
loin de songer à retourner à terre, ne tardèrent
point à établir des rapports amicaux entre eux et les
matelots, qui leur jetaient des miettes de biscuit

sur le pont. À peine naviguait-on depuis deux jours,

qu'ils descen-
daient pour rece-
voir les larges-
ses de l'équipage;
bientôt même ils
se construisirent,
à l'aide de toutes
les bribes d'étou-
pes qu'ils purent
ramasser sur le
pont, un nid en
plein des cordages
les plus élevés, y
pondirent, et y
couvèrent.

Ils firent ainsi
avec l'équipage,
pendant deux ans,
une vingtaine de
voyages, pendant
lesquels ils vécu-
rent de plus en
plus intimement
avec les hommes
du bord; par mal-
heur il arriva,
dans la rivière la
Tyne, une si grave

avarie à la corvette, déjà fort vieille d'ailleurs, qu'on

la jugea indigne de réparation, et qu'on la condamna
à être dépecée.

Avant de quitter le bâtiment condamné à mort, les
matelots détachèrent délicatement du mât le nid de
leurs oiseaux favoris, et le placèrent dans une des
crevasses d'une vieille masure en ruines et inhabitée
et qui s'élevait à quelque distance du rivage.

À l'époque où cela se passait, une dame de Chel-
sea, ville peu éloignée de la masure, aimait passionnément les oiseaux, et en élevait un grand nombre.
Parmi les hôtes de sa volière se trouvait un serin
favori, dont elle plaçait la cage dans la bouillée des
arbres de son jardin.

Un matin, pendant le déjeuner de cette dame, un
moineau vola autour de la cage, où il se percha et
engagea avec le prisonnier une sorte de conversa-
tion. Après quelques moments, il reprit son essor,
s'éloigna et revint bientôt, tenant un vermisseau dans
son bec. Il jeta l'insecte dans la cage et disparut.
Chaque jour désormais, à la même heure, il apporta
une semblable provende à son nouvel ami, et les
choses en vinrent à ce point, que le serin finit par
ne plus vouloir prendre sa nourriture que du bec
même du moineau.

Une si singulière liaison attira l'attention des voisins de la dame, témoins de ces visites quotidiennes;
et quelques-uns d'entre eux, curieux de connaître
jusqu'où s'étendrait le bon cœur du moineau, atta-
chèrent aussi la cage de leurs oiseaux en dehors de
la fenêtre. Le moineau vint nourrir de même les nou-

veaux captifs, mais il réserva toujours la première et la plus longue visite à son premier ami, le serin.

Quoique si familier et si sociable envers les oiseaux, le moineau se montrait extrêmement ombrageux et timide vis-à-vis des témoins de ces scènes intéressantes. Ils étaient obligés de se tenir à distance et de prendre de grandes précautions; sinon le visiteur s'envolait immédiatement. Ce charmant manége se prolongea jusqu'au commencement de l'automne, puis il cessa : était-ce avec intention de la part du moineau, ou bien lui était-il arrivé quelque accident?

Quelque chose d'à peu près semblable s'est passé en 1855, chez M. Adolphe Sax, le célèbre inventeur qui a révolutionné et transformé les instruments de cuivre et les musiques militaires. Il possédait une petite perruche verte, maladive, assez pauvre en plume, et quelque peu rachitique. Pour lui faire respirer un air moins malsain que l'atmosphère remplie de poussière de cuivre qu'on respirait dans les ateliers, on plaçait la cage dans les branches d'un grand et vieil arbre de Judée, qui étalait somptueusement ses grappes de feuilles d'un vert délicat et de fleurs d'un rose charmant. Comme tous les animaux valétudinaires, la perruche se montrait ingénieuse et adroite; aussi, quand elle le voulait, ouvrait-elle sa cage, assez négligemment fermée, du reste, et allait-elle se promener sur les rameaux les plus élevés. Peu à peu, un des nombreux moineaux qui hantaient le quartier s'enhardit à entrer, en

l'absence de la propriétaire, dans la cage abondamment garnie de graines, et il y prenait avec la nonchalance et le sans-façon de son espèce. Il ne tarda même point à ne plus prendre la fuite, et à s'alimenter paisiblement ses repas, quand la perruche laissée à terre, rentrait chez elle; si bien que les deux oiseaux finirent par se lier entre eux d'une étroite

amitié. La perruche mettait à son inséparable le cri du moineau, et se servait de ce moyen pour appeler son camarade. De son côté, le moineau, dans les temps de pluie ou d'hiver, se laissait enfermer dans la cage avec la perruche, sans souci des verrous qu'on tirait sur lui, et qu'il savait qu'on ouvrirait le lendemain. La perruche se montrait pour son hôte d'une sollicitude toute maternelle : elle lui faisait

les graines trop grosses et trop dures pour qu'il pût
les avaler; elle l'abritait sous ses ailes à demi déplu-
mées, et si par hasard il survenait du mauvais temps,
et qu'on oubliât de rentrer la cage, jamais grand'mère
ne soigna et ne mijota mieux un petit-fils que ne le
faisait la perruche à l'égard de son enfant d'adoption.

Un beau jour, ou plutôt un jour fatal, un chat du
voisinage saisit et dévora le moineau, que sa familiarité dans la maison ne mettait pas assez en défiance.

La perruche, ne le voyant pas revenir, passa dès
lors ses nuits et ses jours à appeler celui qu'elle ne
devait plus revoir, et, à huit jours de là, on la trouva
morte au pied de l'arbre de Judée, où elle s'était
traînée par un suprême effort.

# CHAPITRE III



En domesticité, le mouton ne tarde point à s'initier aux passions et même aux vices de l'espèce humaine; il devient cependant [illegible] colère et jaloux jusqu'à la ti-
[illegible]

En 1845, la petite fille d'un fermier du département
du Nord ramassa au pied d'un mur un moineau encore sans plume, et qu'un accident avait, comme il
n'arrive que trop souvent, jeté à bas de son nid. La
pauvre bestiole se mourait de froid et de faim. L'enfant la plaça dans son sein, la réchauffa, l'apporta
chez elle, et la nourrit de pain détrempé dans du
lait, qu'elle lui présentait au bout d'une menue ba-
guette. Le moineau, d'abord, resta languissant; mais
à force de soins sa bienfaitrice parvint à l'élever, et
à lui donner de la force et de la vigueur. Il finit même
par devenir un beau mâle, à la tête cendrée et aux
joues bleuâtres; un bandeau rouge brun s'étendait
de l'un de ses yeux à l'autre, en passant par l'occi-
put; un cercle noir entourait ses yeux, et depuis son
cou, jusque sur ses ailes et sur sa queue, miroitaient
de charmantes nuances brunes et grises d'un pourpre
sombre; enfin une plaque noire recouvrait sa large
poitrine, et faisait valoir la finesse et l'élégance de sa
taille.

L'oiseau ne quittait point un instant sa maîtresse;
au logis, il se tenait perché sur son épaule, ou bien,
il se réfugiait dans le giron de la jeune fille, pour s'y
endormir; à table, il grimpait sur le dossier de sa
chaise, à l'affût des bribes de pain ou de légumes,
dont il se montrait fort friand; la nuit, il se blot-
tissait sous le traversin du lit, et y dormait jusqu'à
l'aube. Dès que la jeune fermière s'éveillait, il sortait
de sa retraite, caressait de son gros bec noir et jaune
les lèvres de l'enfant, se baignait dans la cuvette où

elle avait fait sa toilette, lissait ses plumes, et venait ensuite prendre gaiement sa part du déjeuner. Sa toilette faite, il l'accompagnait, tantôt perché sur sa tête, tantôt volant capricieusement jusqu'à ... de la ... d'arbre en arbre, de buisson en buisson, toujours en mouvement, toujours pétulant, toujours gai.

Un beau jour, il disparut, et ... vous laissera penser du chagrin qu'en éprouva ... celle à qui il devait la vie, et pour laquelle il professait tant d'affection.

On donna une perruche verte à la petite désolée, et celle-ci, qui, de même que tous les autres enfants se consolait aussi vite qu'elle s'affligeait vivement, commença à aimer l'oiseau nouveau; presque autant que le moineau, qu'elle pleurait de l'avoir ... laissée en prenant la fuite; quand un matin elle entendit de petits coups secs résonner vivement à ses vitres, elle se hâta d'ouvrir, car c'était le moineau perdu qui l'appelait ainsi. L'ennuie d'une partie de

ses plumes, meurtri, blessé, traînant à la patte une
ficelle, il prodigua les caresses les plus passionnées
à celle dont il se trouvait séparé depuis si longtemps,
et sembla lui raconter ses souffrances et ses angoisses
depuis le jour où un méchant enfant l'avait pris à un
piége tendu derrière la haie de la ferme, et les tortures qu'on lui avait fait subir pendant une cruelle
captivité.

Ai-je besoin d'ajouter que la petite fermière lui
rendit caresse pour caresse, le débarrassa de la cor-
delette qui étreignait sa patte, et lui présenta toute
sorte de bonne nourriture?

Après les premiers instants donnés au plaisir de
se revoir et de se raconter les douleurs de l'absence,
le moineau songea à se repaître, et c'était un plaisir
que de lui voir engloutir avidement tout ce qu'on lui
présentait. Rassasié enfin, il se baigna avec la volupté d'un voyageur qui se retrouve, à la suite de
longues privations, en présence du comfort de la vie
civilisée. Il achevait sa toilette, quand tout à coup la
perruche éleva la voix, et se mit à crier une de ces
phrases banales que la routine enseigne aux perroquets, de quelque espèce qu'ils soient. Aussitôt le
moineau s'élança furieusement sur elle, et l'attaqua
à coups de bec, sans tenir compte des horions qu'il
recevait en échange, et qui le mettaient en sang.
Quand leur maîtresse voulut les séparer, il la repoussa, lui pinça les doigts, et s'envola sur un grand
orme, qui s'élevait en face de la ferme.

Celle à qui naguère il obéissait si complaisamment,

et dont il ne voulait point s'éloigner, eut beau l'appeler; il fit la sourde oreille, et ne répondit qu'en battant les ailes avec colère et en ouvrant un bec menaçant.

Le lendemain, la perruche succomba à une bles-

sure grave qu'elle avait reçue au corps dans son combat avec son rival, et un domestique l'emporta à la ville voisine pour la faire empailler.

Quand il vit passer le cadavre de celle qu'il haïssait tant, le moineau revint à tire-d'aile vers sa maîtresse. Confus, repentant, il implora son pardon p les caresses les plus tendres et les plus soumises, et il fit tant et si bien, que, malgré le meurtre qu'il avait commis, il finit par rentrer en grâce.

À quelque temps de là, le naturaliste chargé de préparer la perruche la renvoya à la ferme. On voulut voir comment le moineau se comporterait en présence de la dépouille de sa rivale défunte, et on la mit brusquement vis-à-vis de lui. D'abord il recula, se gonfla et se rua sur elle; mais presque aussitôt il recula brusquement. Il avait reconnu qu'il n'avait point affaire à un être vivant, mais à une peau bourrée, et il se retira honteux et mécontent dans un coin de la ferme, où il bouda le reste de la journée.

On a longtemps regardé, et l'on ne regarde que trop encore, le moineau comme un ravageur funeste à l'agriculture. Aujourd'hui, on revient sur une erreur qui n'a fait massacrer que trop d'oiseaux innocents, et il reste à peu près incontestablement établi que les moineaux, dans les campagnes, ne se nourrissent de graines que si les insectes leur font défaut. En compensation de quelques pillages peu funestes, ils débarrassent les arbres des chenilles, et les champs des hordes d'insectes de toute espèce qui attaquent les racines du blé, rongent ses feuilles, et font avorter ses épis.

Le grand Frédéric, qui possédait à Postdam de magnifiques cerisiers, vit un jour une bande de moineaux se jeter sur ses arbres favoris, et en attaquer les meilleurs fruits; il entra dans une violente colère,

jura qu'un pareil méfait ne se renouvellerait point,
et rendit immédiatement une loi, par laquelle il
ordonnait qu'on payât une prime de six pfennings à
chaque personne qui livrerait deux têtes de moineaux.

A dater de cette loi, on fit, vous le comprenez
sans peine, dans toute la Prusse, une guerre acharnée aux moineaux. Les têtes mises à prix arrivèrent
de toutes parts, et la première année le gouvernement eut à payer la somme relativement exorbitante
de dix mille thalers de primes ; la seconde année,
cent thalers, et la troisième, dix ; par conséquent il
ne restait plus un moineau, ni à Berlin, ni dans les
autres villes des États du souverain horticulteur.

Le roi se frottait les mains de ces massacres, et il
comptait bien désormais manger en abondance des
cerises qui ne porteraient point de traces de coups
de bec, quand il vit des bandes de chenilles couvrir
ses cerisiers, en dévorer les feuilles naissantes et les
fleurs, et ne même pas respecter les bourgeons. En
même temps, des plaintes et des réclamations s'élevèrent de toutes les parties des États prussiens ; les
récoltes périssaient sur pied, les arbres fruitiers restaient stériles, les forêts elles-mêmes causaient de
graves inquiétudes. Frédéric s'en prit à quelques
pauvres agronomes qui, prétendit-il, lui avaient
conseillé la destruction des moineaux, et rendit une
autre loi, par laquelle on promettait de payer six
pfennings pour chaque paire de moineaux qu'on
importerait en Prusse.

M. Florent Prévost a, lui aussi, causé la mort
d'un grand nombre de moineaux, moyen passable-
ment cruel mais nécessaire et irrécusable pour démontrer l'innocuité de ces oiseaux, et les services
qu'ils rendent à l'agriculture. Habile chasseur, il a
tué des centaines de ces pauvres bêtes pendant les
diverses saisons de l'année, au printemps, à l'été,
et jusque vers le commencement de l'automne; il

a ouvert les gésiers de ses victimes, et il n'y a
trouvé que des insectes de toute espèce, chenilles,
chrysalides, vers, sauterelles, hannetons, papillons,
taupins, myriapodes, acarus, pucerons, alucites,
moucherons, araignées.

À dater de la fin d'octobre, il faut en faire l'aveu,
leur estomac était rempli de graines.

En ceci, l'antiquité se montrait plus sage que
nous. Moïse promit la fécondité des champs et une

longue vie à ceux qui respecteraient les oiseaux auxiliaires de l'agriculture. Les Égyptiens les placèrent sous la protection d'Osiris, et déclarèrent sacrilèges les coupables qui les tueraient ou qui détruiraient leurs nids. Pline, Columelle, Varron et Plutarque déclarèrent ennemis des dieux et des hommes les persécuteurs de ces célestes créatures. Au rebours Mahomet, dont les agriculteurs du XIXe siècle ne partagent que trop encore, en ce point, les doctrines erronées, proscrivit dans son Koran, les têtes des moineaux, et ordonne même de détruire tout arbre susceptible de leur servir de refuge. Aussi Dieu sait comment est dirigée l'agriculture chez les musulmans.

Le moineau, comme le rat et la souris, avec lesquels, dans certains rapports, il ne manque pas d'affinité, suit l'homme partout. Les premiers colons de la Nouvelle-Zélande furent tout surpris de voir ce compatriote ailé s'installer avec eux dans leur nouvelle patrie. Jusqu'à présent on n'a point encore pu s'expliquer d'une manière satisfaisante ce singulier problème.

L'hirondelle, elle aussi, se trouve dans presque toutes les parties du globe, mais on y comprend sa présence par l'instinct impérieux qui la pousse à voyager, et qui prend surtout sa cause dans le genre de sa nourriture, consistant exclusivement en insectes.

Je ne répéterai point tout ce que l'on a déjà dit tant de fois de la manière dont elles arrivent dans nos climats, et surtout de la manière dont elles en partent. Je ne vous les montrerai point rassemblées vers l'automne, quelquefois au nombre de trois à quatre mille, sur un toit, où elles tiennent conseil, pour décider du jour de leur émigration, se dispersent ensuite, et se rassemblent de nouveau, à l'heure dite, pour se mettre en route.

Elles partent, non pas en masses et toutes à la fois, mais par groupes successifs de cent à deux cents, de façon à ne point trop attirer l'attention des oiseaux de proie, ce qui par malheur n'empêche point toujours les brigands de l'air de les attendre au passage et d'en faire un grand massacre.

Où vont-elles? On a dit bien des fables sur leur émigration. Olaüs Magnus, entre autres, prétend qu'elles s'enfoncent dans les marécages, dans les étangs et dans les lacs, pour s'y tenir enfouies jusqu'au retour de la belle saison, et, d'après lui, des pêcheurs, aux environs d'Upsal, auraient pris dans leurs filets, en même temps que des poissons, un grand nombre d'hirondelles pelotonnées ensemble, remmies ventre contre ventre, bec contre bec, pattes contre pattes, et qui, exposées soit à l'air, soit à la température d'un four, étaient revenues petit à petit à la vie, et sorties complétement de leur engourdissement.

Le jésuite Kircher poussa la chose encore plus loin; car il prétendit que les hirondelles, à certaines époques, se jetaient dans les puits et dans les citernes.

# CHAPITRE IX



Il était réservé à un des naturalistes les plus justement célèbres du XVIIIe siècle, à Spallanzani, de rectifier une erreur adoptée par Aristote, Pline, Olaus Magnus, Aldrovand, Klein, Linnée, passée à l'état de croyance populaire et qui reposait toujours, comme il arrive en pareil cas, sur des faits mal observés.

D'abord Spallanzani expérimenta sur des ...

delles, et il démontra que ces oiseaux, pas plus que
les autres oiseaux, ne pouvaient supporter sans
mourir un froid rigoureux.

Ensuite le hasard, auquel on doit la plupart des
découvertes scientifiques, le fit assister dans le
duché de Modène à une chasse, ou plutôt à une
pêche aux hirondelles.

« En automne, dit-il, les hirondelles, devenues
grasses, offrent à l'homme une nourriture abondante,
sont en butte à ses attaques, et deviennent dans
certaines contrées l'objet d'une chasse importante.

« On parvient aisément à s'en emparer, en les
faisant tomber dans l'eau, où elles s'asphyxient
promptement. On comprend dès lors que quelques-
unes de ces hirondelles ainsi noyées aient pu se
trouver prises dans les filets d'un pêcheur peu de
temps après leur immersion, et donner lieu à la
fable de leur immersion hiémale.

« Dans le duché de Modène, au milieu des marais,
les chasseurs forment une nappe d'eau au-dessus de
laquelle ils attachent un vaste filet. La chasse commence à la nuit close; on a une corde qui traverse
l'extrémité de la langue du marais opposée à la nappe
d'eau : des hommes la tiennent chacun par un bout,
et l'agitent tout doucement parmi les roseaux; ils
s'avancent ainsi, formant une ligne courbe. A ce
bruit inattendu, les oiseaux, effrayés, quittent leur
place et vont se percher un peu plus loin; bientôt
troublés dans ce nouveau port, ils l'abandonnent;
et, poursuivis ainsi de place en place, ils sont forcés

de se concentrer tous sur la portion de roseaux con-
tigue à la nappe d'eau ; alors les chasseurs donnent
un mouvement rapide à la corde, toute la multitude
d'oiseaux se lève précipitamment pour gagner les
roseaux situés à l'autre bord ; mais le filet reste suspendu sur leur tête tombe tout à coup, les enveloppe de ses mailles et les entraîne à la surface de
l'eau, où, se débattant inutilement, ils restent captifs. »

Au mois de mai, les hirondelles reviennent à Paris, reprennent possession de leurs anciens nids,
qu'elles restaurent, ou s'en construisent de nouveaux avec de petites boules d'argile molle qu'elles
gâchent et qu'elles appliquent l'une contre l'autre
avec une adresse merveilleuse.

Ce n'est point seulement dans les angles des toits
qu'elles placent leurs nids ; dès que par certaines
preuves elles se convainquent qu'on ne leur veut
point de mal, elles n'hésitent point à entrer dans
les habitations de l'homme, à s'y installer, et à
devenir même familières.

Un naturaliste anglais raconte que dans le De-
vonshire, en 1818, un couple d'hirondelles con-
struisit son nid à l'entrée du tiroir entr'ouvert d'une
table de sapin reléguée au haut d'un grenier inoc-
cupé. Prenant exemple d'autres hirondelles qui placèrent
leur nid sous l'aile d'un hibou, suivant une stupide
et barbare coutume, cloué sur la porte d'une grange.

Il rapporte encore qu'en 1815 des hirondelles construisirent leur nid sous les supports de la roue à

palettes d'un petit steamer nommé *le Clarence*. Ce steamer servait à remorquer les vaisseaux, et faisait presque chaque jour la traversée d'Annanwaterfoot à Port-Carlisle. Quoique le nid ne se trouvât guère qu'à cinquante centimètres au-dessus de l'eau, non-seulement les oiseaux y élevèrent leur nichée, mais encore ils réussirent à y pondre à diverses reprises et pendant plusieurs années.

M<sup>me</sup> la baronne de Chabord, femme de l'un de nos généraux les plus distingués, m'a raconté bien des fois que des hirondelles vinrent un soir établir leur nid dans le grand corridor du château où se passa son enfance; elles y demeuraient paisiblement la nuit, car on fermait les portes vers neuf heures du soir pour ne les ouvrir qu'au point du jour; mais quand par hasard le domestique chargé de ce double soin se trouvait un peu en retard le matin, elles témoignaient leur impatience en volant partout et en jetant des cris.

Une confiance absolue et une tendre amitié ne tardèrent point à se contracter entre la jeune fille et les oiseaux. Ceux-ci venaient prendre sans façon, dans les doigts de l'enfant, les insectes qu'elle leur présentait, couraient au-devant d'elle dès qu'elles l'apercevaient au loin, et la laissaient se hisser sur une échelle pour mieux regarder, et même pour toucher les petits qui venaient de sortir de l'œuf.

Cette bonne union dura pendant trois ans, après lesquels la santé de la mère de la baronne de Chabord inspira de sérieuses inquiétudes à sa famille.

Comme la maladie se refusait à ce qu'on veillât
la nuit près d'elle, même en plein cœur d'hiver,
il fallut établir une
sonnette dont le fil
communiquât de la
chambre de la malade
à celle de sa femme de
chambre. Pour mener
à bonne fin cette be-
sogne, les serruriers
se virent obligés de
disposer tout le long
[...] du mur du corridor où
se trouvait appliqué le
fil des [...]
Malgré toutes les pré-
cautions qu'on leur re-
commanda de prendre,
il fallut que [...] il passât

derrière le mur, qu'ils se tinssent [...] de détériorer [...]
modes.

Au bois de mai sauvage, les hirondelles revinrent.
Grand fut leur émoi en présence des avanies subies
par leur [...]. D'abord elles témoignèrent de leur
mauvaise humeur et firent mine de s'en aller se
bâtir une demeure autre part; mais la jeune fille
accourue aux cris qu'elles jetaient leur fit tant de
caresses et leur prodigua tant d'insectes, que les
hirondelles s'apaisèrent et se mirent en [...]

à restaurer et à occuper comme par le passé leur ancien nid.

Tout alla bien pendant une quinzaine de jours; mais une nuit la malade tira le cordon de sa sonnette d'autant plus fort, que le fil s'en trouvait engagé dans le nid, dont plusieurs morceaux se détachèrent et tombèrent.

Les hirondelles, surprises, réparèrent le dégât, qui se renouvela à quelques jours de là; et cette seconde fois encore, elles se mirent de nouveau à la besogne. Dès lors on eut beau tirer et agiter le fil de fer, le nid ne bougea plus. Le père de la baronne de Chabord résolut de découvrir la solution d'un problème qui l'intriguait fort, prit une échelle et examina de près le nid. Les hirondelles avaient construit entre le mur et leur berceau de terre un conduit, véritable tube au travers duquel le fil passait et manœuvrait librement, sans désormais compromettre en rien la solidité de la construction de terre glaise desséchée.

Le naturaliste américain Audubon, dans ses *Scènes de la nature aux États-Unis*, a consacré un de ses plus charmants chapitres à l'hirondelle de cheminée, ou martinet d'Amérique.

« Du moment, dit-il, que l'hirondelle a trouvé dans nos maisons tant de commodités pour y établir son nid, on l'a vue abandonner avec une sagacité remarquable ses anciennes retraites dans le creux des arbres, et prendre possession de nos cheminées, ce qui, sans aucun doute, lui a valu le nom sous

lequel on la connaît généralement. Je me rappelle
parfaitement bien le temps où, dans le Kentucky,
dans l'Indiana et l'Illinois, ces oiseaux choisissaient
encore très-souvent, pour nicher, les excavations
des branches et des vieux troncs; et telle est l'influence d'une première habitude, que c'est toujours
là que de préférence ils revenaient, non-seulement
pour chercher un abri, mais aussi pour élever leurs
petits, spécialement dans les parties reculées de
notre pays, qu'on peut à peine dire habitées. Alors
les hirondelles se montrent aussi délicates pour le
choix d'un arbre, qu'elles le sont ordinairement
dans nos villes pour le choix de la cheminée où
elles veulent fixer temporairement leur demeure
des excavations d'une vieille sycomore, et que les
souvent plus grandes souches d'arbres et des
bois, sont ceux qui semblent leur convenir le mieux.
Partout où l'on rencontre de ces vénérables patriar-
ches des forêts, que la décadence et l'âge ont ainsi
ainsi rendus habitables, j'ai toujours trouvé des nids
d'hirondelles qui elles-mêmes continuaient d'y vivre
jusqu'au moment de leur départ. Ayant fait couper
un arbre de cette espèce, j'ai compté dans l'intérieur
du tronc une cinquantaine de ces nids; et, de plus,
chaque branche creuse en renfermait un.

« Le nid, qu'il soit placé dans un arbre ou dans
une cheminée, se compose de petites branches
sèches que l'oiseau se procure d'une façon assez
singulière. Si vous regardez les hirondelles tandis
qu'elles sont en l'air, vous les verrez tournoyer par

bandes autour de la cime de quelque arbre qui dé-
périt, s'il n'est déjà tout à fait mort. On les dirait
occupées à poursuivre les insectes dont elles font
leur proie; leurs mouvements sont extrêmement rapides. Tout à coup elles se jettent le corps contre
la branche, s'y accrochent avec leurs pattes par une
brusque secousse, la cassent net et se renvolent en
l'emportant à leur nid.

« C'est au moyen de sa salive que l'hirondelle fixe
ses premiers matériaux sur le bois, le roc ou le mur
d'une cheminée; elle les arrange en rond, les croise,
les entrelace, pour étendre à l'extérieur les bords de
son ouvrage; le tout est pareillement englué de salive qu'elle répand autour, à un pouce ou plus, pour
mieux l'assujettir et le consolider. Quand le nid est
dans une cheminée, sa place est généralement du
côté de l'est, et à une distance de cinq à huit pieds
de l'entrée. Mais dans le creux d'un arbre, où toutes
nichent en communauté, il se trouve plus haut ou
plus bas, suivant la convenance générale. La construction, assez fragile du reste, cède de temps à
autre, soit sous le poids des parents et des jeunes,
soit emportée par un flot subit de pluie, cas auquel
ils sont tous ensemble précipités par terre. — On y
compte de quatre à six œufs d'un blanc pur, et il y
a deux couvées par saison.

« Le vol de cette hirondelle rappelle celui du martinet d'Europe: mais il est plus vif, quoique bien
soutenu.

« C'est une succession de battements assez courts,

[illegible]

[illegible]

s'interrompt brusquement comme par magie; en un instant ils s'abattent en tournoyant et produisent avec leurs ailes un tel bruit, qu'on croirait entendre le roulement lointain du tonnerre. Jamais ils ne se posent sur le sol ni sur les arbres. Si on prend une de ces hirondelles et qu'on la mette par terre, elle fait de gauches efforts pour s'échapper et peut à peine se mouvoir.

« J'ai lieu de croire que parfois, la nuit, il arrive aux parents de s'envoler, et aux jeunes de prendre de la nourriture; car j'ai entendu le *frou-frou* d'ailes des premiers et les cris de reconnaissance des seconds pendant des nuits calmes et sereines.

« Quand les petits tombent par accident, ce qui arrive quelquefois, bien que le nid reste en place, ils parviennent à y remonter à l'aide de leurs griffes aiguës, en élevant un pied, puis l'autre, et en s'appuyant sur leur queue. Deux ou trois jours avant d'être en état de s'envoler, ils grimpent en haut du mur, jusque auprès de l'ouverture de la cheminée à l'abri de laquelle ils ont grandi. Un observateur pourra reconnaître ce moment, en voyant les parents passer et repasser au-dessus de l'extrémité du tuyau sans y entrer. C'est la même chose quand ils ont été élevés dans un arbre. »

# CHAPITRE V



Fritz Jung, auteur d'un volume trop peu connu
publié à Berlin, et que son auteur [illegible] bor-
nera à un petit nombre de faits curieux observés avec
une patience dont un Allemand seul est capable, Fritz
Jung a passé une partie de sa vie à étudier les hirondelles. Il professe pour ces oiseaux un enthousiasme
qui touche presque au fanatisme, et se présente avec
ces précautions ordinaires pour éviter les deux traits
suivants.

« Une hirondelle, en sortant de son nid, se prit par le cou, sans doute dans un fil du crin faisant partie de la couche moelleuse destinée à sa jeune couvée, et se trouva ainsi suspendue le corps en dehors. La pauvre bête faisait des mouvements violents pour se débarrasser, lorsque les hirondelles, ses voisines, attirées par ses battements d'aile, vinrent en grand nombre s'empresser pour lui porter secours. Elles se groupèrent tumultueusement autour du nid, et cherchèrent à briser avec leurs becs le lacs fatal qui retenait leur compagne. Mais l'aide était insuffisante, la délivrance n'arrivait pas, le temps se passait et la situation devenait de plus en plus critique. Un moineau franc se mit à l'œuvre avec les hirondelles, et becqueta vigoureusement à son tour : tout fut inutile.

« Malgré une persévérance de plus d'une heure, la pauvre patiente n'éprouvait aucun soulagement; au contraire, ses mouvements vigoureux d'abord finissaient par s'affaiblir, par devenir convulsifs, saccadés, puis enfin le corps, toujours suspendu, retomba une dernière fois inerte pour jamais; le sauvetage n'avait pas abouti, et tant de généreux efforts demeurèrent infructueux.

« Pendant quelque temps les hirondelles s'approchèrent encore en voletant de leur malheureuse compagne; mais, au moment de se poser sur le nid, l'immobilité du cadavre révéla sans doute à leur instinct la mort de la victime, car toutes s'envolèrent en planant pour ne plus revenir

« Quelques minutes après, la fenêtre était devenue solitaire. »

« Un couple d'hirondelles, après avoir pris posses-sion d'un nid construit, l'année précédente devant ma maison, par d'autres oiseaux de la même espèce, y trouva les corps desséchés de quatre petits cou-verts de plumes, et que je ne sais qui barbare avait sans doute là fait mourir de faim. Peut-être bien ai-je le droit d'accuser de cette cruauté mon voisin de campagne, le jeune baron Müller, qui, aux approches de l'ouverture de la chasse, tire sans pitié sur de pauvres hirondelles, sous autre justification que le besoin de se refaire la main et l'œil, ce sont des bou-cheries inutiles, commencées pour préparer des bou-cheries lucratives.

« Les deux hirondelles, à la vue de ces cadavres, tinrent conseil; le mâle, qui se piquait sans doute d'esprit fort, s'élançait résolue dans le nid, et même à tirer par la patte un des oiselots trépassés; le membre lui en resta dans le bec. La femelle, indi-gnée, d'un coup d'aile abattit ce triste débris, et s'envola en appelant son compagnon, qui la suivit docilement, et, pour ainsi dire, honteux de ce qu'il venait de faire.

« Bientôt je les vis revenir tous les deux, portant dans leur bec chacun une boule d'argile, avec les-quelles ils commencèrent à fermer l'entrée du nid, devenu un sépulcre. Après quoi, ils s'en allèrent de nouveau s'approvisionner de terre molle pour conti-nuer leur pieuse besogne, et ils ne songèrent à contistruire leur propre demeure qu'après avoir clos hermétiquement le nid funèbre pour le mettre à l'abri de toute nouvelle profanation. »

On divise les hirondelles en plusieurs espèces : les *hirondelles des fenêtres*, les *hirondelles des cheminées* et les *hirondelles de rivage*. On les distingue facilement les unes des autres, quoiqu'il existe entre elles une grande ressemblance. La seconde (*hirundo rustica*) arrive avant les autres en Europe, se nourrit exclusivement d'insectes ailés, et se fait remarquer par la richesse des tons mordorés de ses plumes ; la première (*hirundo urbica*), d'un plumage moins riche et à bec noir, part isolément à l'automne, sans conciliabule, et pond trois fois par an ; la troisième (*hirundo riparia*), ainsi que l'indique son nom, hante les bords des rivières, et niche indifféremment dans les trous naturels des arbres, ou dans les crevasses des rochers. Au besoin, elle se creuse elle-même, à l'aide de ses pattes, des nids au sommet des endroits les plus escarpés, et elle effleure sans cesse en volant la surface des eaux, pour y faire une guerre acharnée aux insectes aquatiques.

L'hirondelle des rochers (*hirundo rupestris*), particulière aux rives de la Méditerranée, vit aux bords de la mer dans les creux des rochers.

Quoique l'hirondelle *salangane* n'habite pas l'Europe, nous ne pouvons la passer sous silence ; car c'est à elle qu'on doit les fameux nids comestibles qui, des habitudes gastronomiques des Chinois, commencent à passer dans les habitudes culinaires des Français.

Les salanganes placent leurs nids dans les rochers au bord de la mer; elles en tapissent des cavernes entières; on en trouve aussi à peu de distance de l'île de Java et auprès de celle de Sumatra. On prétend qu'elles mettent deux mois à façonner ces nids; leur ponte est de deux œufs, l'incubation dure quinze jours. Il paraît qu'elles ne quittent jamais le lieu de leur naissance.

Les Javanais prennent mille précautions superstitieuses avant de récolter les nids de salanganes. Habitués dès leur enfance à ce métier dangereux, ils ne négligent rien pour s'assurer la protection de leurs dieux, à qui ils sacrifient des buffles, et adressent de ferventes prières. Ils se frottent le corps d'huile odoriférante, et brûlent des parfums dans les cavernes qu'ils se disposent à explorer à l'aide d'échelles de roseaux, et en se servant de flambeaux qui résistent facilement à l'action des gaz.

Les nids de salanganes, d'un goût fin, légèrement parfumés, onctueux, compactes, délicats, et d'une digestion facile, se composent d'une matière gélatineuse, qui rappelle un peu par sa forme, sa densité et sa saveur, les fonds d'artichauts. Les riches qu'on sert sur nos tables comme complément de certaines sauces. Lorsqu'on les a récoltés, on les dégage d'un treillis de fils dans lequel ils se trouvent engagés, et qui se compose d'une matière moins fine, mais que l'eau tiède délaie, et qui sert à la confection de certains ragoûts fort en vogue dans le Céleste-Empire.

On ne sait rien ni des matériaux, ni des procédés

de préparation qu'emploient les salanganes pour fabriquer ces nids.

On suppose, sans trop de preuves, qu'ils proviennent d'une matière digérée par les oiseaux, à peu près à la façon dont les abeilles digèrent la miellée pour produire la cire, avec laquelle d'ailleurs ils présentent une certaine analogie.

Les Indiens, de leur côté, prétendent que cette matière se fait avec le frai des holothuries et des polypes qui couvre au printemps la mer. Toutefois la saveur exquise des nids de salangane ne rappelle en rien le goût si caractéristique des œufs et de la chair du poisson.

Des hirondelles aux martinets, la transition est toute naturelle : comme elles, ces derniers se nourrissent d'insectes ; comme elles, ils viennent habiter nos climats et nos demeures ; comme elles enfin, ils émigrent aux approches de l'hiver. Toutefois ils en diffèrent par leur organisation et par certains détails caractéristiques.

D'abord ils offrent à l'anatomiste un squelette d'une forme particulière ; car ils sont destinés, pour ainsi dire, exclusivement à voler. Véritables habitants de l'air, les martinets, suivant l'expression de Buffon, « occupent dans la classe des oiseaux la position exceptionnelle que les taupes occupent parmi les mammifères. »

En effet, ils ne posent jamais à terre ; si quelque accident les y jette, ils ne peuvent plus s'envoler ; ou, s'ils parviennent à prendre leur essor, ce n'est qu'après avoir péniblement gagné une légère éminence, ou une pierre élevée, qui leur permette de s'élancer et de mouvoir leurs longues ailes. Sur un terrain uni et sans aucune inégalité, ces oiseaux, si légers, deviennent aussi pesants qu'un reptile.

Spallanzani, à qui l'on doit un grand nombre d'observations sur les martinets, assure pourtant qu'ils parviennent à se détacher et à s'élever de terre, en réagissant sur le sol avec leurs pattes, en étendant leurs ailes et en les battant l'une contre l'autre. « Par ce moyen, dit-il, ils peuvent décrire un demi-cercle, bas et peu étendu, puis un second, plus grand et plus élevé, puis un troisième, après lequel ils prennent leur essor ; s'ils s'abattent dans

un lieu fourré, couvert de buissons ou de hautes
herbes, ce sont pour eux des écueils insurmon-
tables par l'impossibilité où ils se trouvent de faire
agir leurs ailes.

L'ostéologie exceptionnelle des martinets dont je
parlais tout à l'heure, consiste en un sternum al-
longé, beaucoup plus large en arrière qu'en avant,
et sans échancrure vers son bord postérieur, qui
fournit des points d'insertion grands et solides aux
muscles destinés à faire mouvoir l'aile.

Leurs pattes sont courtes, et leurs ailes, excessi-
vement longues et étroites, à cause du décroisse-
ment rapide de leurs pennes. Le raccourcissement
de l'humérus, réduit à n'être plus qu'un large noyau
osseux, présente cependant de fortes crêtes d'insertion. L'avant-bras lui-même est très-court, et les
os de la main, sur lesquels s'implantent les pennes
les plus essentielles pour le vol, acquièrent, au contraire, le *summum* de longueur.

Une espèce de martinet, particulière à la Savoie,
le *grand martinet à ventre blanc* (*gypselus alba*)
arrive dans ce pays vers le commencement d'avril.
À cette époque, elle se tient sur les étangs, autour
desquels elle ne cesse de voler dès la pointe du jour;
elle ne gagne les hautes montagnes, son domicile
habituel, qu'à la fin de ce mois. On la rencontre
aussi dans les montagnes de la Suisse, du Tyrol et
du Bussel; on la voit à Constantinople, dans les îles
de Panaria, d'Ischia, de Lipari et de Malte.

Rarement on trouve un individu seul; ils volent,

au contraire, par bandes plus ou moins nombreuses,
et circulent sans cesse en poussant des cris reten-
tissants autour des pointes de rochers qui s'élèvent
au-dessus des précipices où ils ont placé leurs nids.
Quand ils se retirent dans leur gîte, ils le font d'ensemble, comme les chauves-souris aux approches de
la nuit. Une de leurs singulières habitudes consiste

à se suspendre les uns aux autres, et à former ainsi
une sorte de chaîne oscillante et animée. Un premier oiseau, à l'aide de ses ongles, s'accroche à un
bloc de pierre; un second vient après, qui se crampo-
nne à lui, et ainsi de suite jusqu'à ce que le
dernier qui sert de lest à la chaîne cède sous le
poids, et, en se détachant du rocher, la fasse se
rompre.

Ces moineaux font deux pontes par an, et pa-
raient pendant trois ou quatre œufs blancs et allon-

gés ; la seconde n'en donne, pour l'ordinaire, que deux. L'incubation dure trois semaines. Les jeunes, pris avant leur sortie du nid ou à leur sortie, sont excellents à manger ; les vieux, au contraire, et même les adultes, ont un goût huileux et une chair coriace.

Le martinet à ventre blanc construit son nid de deux manières. D'après certains observateurs, il le fabrique avec des fétus de paille, des brins de bois entrelacés en cercles concentriques étroitement liés entre eux, et fortifiés par une multitude de feuilles d'arbres qui en occupent tous les vides. Selon quelques autres, il recourt à de la paille et de la mousse liées ensemble avec une matière gluante qui, en séchant, donnerait à ce nid la forme et la consistance du nid de la salangane.

On remarque que ces oiseaux, qui d'ordinaire se tiennent toujours très-haut dans les airs, s'abaissent sur les torrents quand survient de mauvais temps, et que leur apparition en nombre plus considérable dans le midi de la France et de nos côtes méridionales, coïncide toujours avec des froids précoces, et annonce un hiver rigoureux.

La Nouvelle-Orléans possède une espèce de martinet qui, loin de porter la sombre livrée de deuil de son congénère d'Europe, possède un plumage resplendissant des plus riches couleurs : c'est le *martinet pourpre*.

Le vol, dans cette espèce, ressemble beaucoup à celui de l'hirondelle de fenêtre ; mais, bien que fa-

ile et gracieux, on ne peut le comparer pour la rapidité à celui de l'hirondelle domestique; excepté
celle-ci, le martinet peut distancer tout autre oiseau.
C'est plaisir de le voir se baigner et boire tout en
volant, lorsque sur un lac ou une rivière, par un
brusque mouvement imprimé à la partie postérieure
de son corps, il l'amène en contact avec l'eau, se
relève l'instant d'après et se secoue ainsi que fait un
barbet, en éparpillant les gouttes d'eau comme autant de perles.

Il se pose assez facilement sur différents arbres,
notamment sur les saules, en faisant de fréquents
mouvements de queue, lorsqu'il change de place
pour chercher des brindilles et les porter à son nid.
On le voit aussi fréquemment s'abattre sur le sol,
où, malgré ses jambes si courtes, il se meut avec
une certaine agilité; il va picorant un scarabée ou
un autre insecte, marchant au bord des flaques
d'eau pour s'y désaltérer, mais en ouvrant un peu
les ailes, ce qu'il fait aussi sur les arbres, comme
s'il ne s'y trouvait pas à l'aise.

Les martinets montrent une profonde antipathie
contre les chats et les chiens. Ils attaquent et poursuivent indistinctement toute espèce de faucon, de
corneille ou de vautour. Enfin ils chassent et har-
cèlent un aigle jusqu'à ce que celui-ci ne se trouve
plus en vue de leur nid.

« J'avais, dit Audubon, construit et fixé au bout
d'une perche un logement spacieux et commode
pour recevoir des martinets, dans un enclos auprès

de ma maison, où, depuis quelques années, plusieurs couples venaient faire leur nid. Pendant l'hiver, j'établis de cette manière d'autres petites boîtes, désirant y attirer aussi des oiseaux bleus. Au printemps arrivèrent les martinets, qui, trouvant ces petits appartements plus commodes que les leurs, s'y installèrent, en forçant les jolis oiseaux bleus à décamper. J'observai les divers combats qui furent livrés en cette occasion, et je m'assurai que l'un des oiseaux bleus était doué, pour le moins, d'autant de courage que son adversaire; seulement, le martinet étant le plus fort, il avait dû lui céder sa maison où son nid était presque terminé; mais, autant qu'il était en son pouvoir, il ne manquait pas une occasion de taquiner l'usurpateur. Le martinet mettait la tête à la fenêtre et se contentait de lui répondre par des accents d'insulte et de défi. Je vis bien qu'il fallait intervenir. En conséquence, je montai sur l'arbre où la boîte de l'oiseau bleu était attachée, pris le martinet et lui rognai la queue avec des ciseaux, dans l'espoir que cette punition mortifiante produirait son effet et l'engagerait à retourner à ses quartiers. Pas du tout; je ne l'eus pas plutôt lâché, qu'il courut droit à la boîte et y rentra. Je le pris une seconde fois et lui coupai la pointe de chaque aile, de façon cependant qu'il pût toujours voler pour chercher sa nourriture; puis je le remis en liberté; mais cela n'y fit encore rien, et je vis l'entêté martinet se réinstaller dans la boîte en dépit de tous mes efforts. Alors, de colère, je le pris et le traitai de telle sorte, qu'il ne revint jamais plus troubler le voisinage.

« Chez un de nos amis, dans la Louisiane, des martinets s'étaient emparés de quelques creux dans les corniches et y avaient élevé leurs petits plusieurs années de suite, jusqu'à ce qu'enfin les insectes qu'ils introduisaient avec eux dans la maison eurent déterminé le propriétaire à s'occuper d'une réforme. On appela des charpentiers pour nettoyer la place et fermer les ouvertures par où les oiseaux s'introduisaient. Cela fut bientôt fait. Les martinets parurent au désespoir; ils apportèrent de petites branches et d'autres matériaux, et commencèrent à reconstruire d'autres nids, en quelque endroit du bâtiment qui restât au trou. Mais on leur donna si bien la chasse, qu'après de nombreuses tentatives, la saison se trouvant trop avancée, ils furent contraints de déménager et se retirèrent aux environs de la plantation, dans quelques creux d'arbres qui autrefois avaient appartenu à des pics. Au printemps suivant, on bâtit un logement tout exprès pour eux, et c'est ce qui se pratique généralement chez nous, où l'on considère le martin [...] comme un voisin privilégié et comme l'avant-coureur du printemps. »

« La voix du martinet n'est pas mélodieuse, mais cependant elle ne laisse pas que de faire plaisir. On aime surtout à entendre le gazouillement du mâle pendant qu'il courtise sa femelle.

« Les Indiens recherchent avec empressement la compagnie du martinet. Souvent ils suspendent une

calebasse à quelque branche d'arbre voisin de leur
camp, et ils préparent avec des plumes un nid où
ne manque jamais de venir s'installer un martinet.
De cette calebasse, l'oiseau fait sentinelle et se précipite, pour garantir de l'attaque du vautour les
peaux de daim ou les pièces de venaison que les
sauvages ont exposées à l'air pour les y sécher.

« Les nègres des États du Sud se donnent également le plaisir d'élever des martinets; ils vident
avec soin une calebasse, et l'attachent à l'extrémité
flexible d'un roseau planté auprès de leur hutte.

« A la campagne, presque chaque taverne a sur
le haut de son enseigne sa boîte aux martinets;
car, dit-on, plus la boîte est belle, meilleure est
l'auberge elle-même.

« Toutes les villes ont aussi de ces boîtes; et l'on
peut dire que le martinet est vraiment un oiseau
privilégié, puisque même les enfants maraudeurs ne
cherchent pas à le troubler. Il glisse tranquillement
le long des rues en gobant par-ci par-là quelque
moucheron, s'accroche sous les gouttières, jette
un regard curieux dans l'intérieur des maisons, en
se balançant sur ses ailes devant les fenêtres; ou
bien il s'élève au-dessus de la ville, plonge dans
l'air limpide et joue avec les cordes des cerfs-volants,
qu'il frappe en passant d'un vol rapide et sans jamais manquer le but; puis, soudain, il revient raser
les toits, d'où il chasse le chat, qui se retire toujours
à la première sommation.

« Dans les États du Centre, le martinet commence

à bâtir un nid nouveau, quand il ne se contente pas de réparer et d'augmenter celui de l'année précédente, huit ou dix jours après son arrivée, c'est-à-dire vers le 20 avril. Il le compose de branchettes, de petites branches de ..., d'herbes, de petites racines ou autres, et de tous les ... qu'il peut trouver, et y pond de quatre à six œufs d'un blanc ... Plusieurs couples se retirent dans le même ...

... et le petit ... relativement considérable ... de parfait ... Ils ... d'... tendre ... très ... la première ... à la fin de mai, la seconde vers le milieu de juillet. ... comme pendant ... dans la ... ... des ... ... de leurs petits ... les plus tendres soins à la ... Il ... ... ... en ...

phatiques et prolongées, mais basses et même moins musicales que ses communs *pious pious*.

« Ces oiseaux ne se nourrissent que d'insectes, et entre autres de hannetons ; rarement s'attaquent-ils aux mouches à miel. »

# CHAPITRE XI



En aucune autre ville du monde, on n'aime autant qu'à Paris les fleurs et les oiseaux. Les plus pauvres y ont leur pot de réséda, leur rosier, votre plantes grimpant à une ficelle autour de leur fenêtre; heureux quand ils peuvent accrocher sous ces guirlandes feuillues et vivantes une cage, habitée par un couple de serins. Pour bien des veuves qu'ont laissées seules en chemin un mari ou des enfants morts avant l'heure

pour bien des ouvrières vieillies dans le travail au
jour le jour, pour bien des jeunes filles qui com-

mencent, à tra-
vers tant de périls,
de déceptions et
de chagrins, cette
vie d'ouvrière où
la beauté devient
presque toujours
un malheur, un
oiseau est une
distraction, un
plaisir, et parfois
une consolation.
Toutes ces créa-
tures délaissées,
perdues au milieu
de la grande ville,
se trouvent moins
seules en ren-
trant au logis, quand un chat ami les accueille et que
deux jolis petits oiseaux saluent leur retour en battant des ailes. Et puis il y a la mère, dans le nid de
laquelle on découvre un beau matin des œufs qu'elle
couve, et d'où sortent, après bien des attentes, trois
ou quatre petits aux gros yeux, au corps nu, mais
qui semblent presque aussi beaux à la maîtresse du
pauvre logis qu'à la mère elle-même. Que de soins
exigent les nouveau-nés, et combien on se sent
préoccupé et heureux de s'associer à ces soins, de

bourrer des œufs durs, d'y mélanger des graines écra-
sées, de veiller à ce que ni le chaud ni le froid, ni
les courants d'air, ni les chats du voisinage, ne
puissent nuire à cette chère nichée! Combien on
sera dédommagé de ses peines, lorsque les petits
devenus grands, commenceront à se percher sur
les bâtons de la cage, à voler par la chambre, à
venir à la voix, hardiment, sans hésitation, prendre
quelques bribes de biscuit dans les doigts de celle
qui les lui présente, enfin et le tour presque joué
tout! Aussi voyez! la cage est bientôt préparée que
[...] tranche rempli [...] fontaine sur [...]
à forme bizarre, et une épaisse couche de mousse à
renouveler chaque matin étend une voûte de verdure
toujours fraîche au-dessus des oiseaux.

Le moineau est à Paris un véritable marigot qui
fait vivre, comme tant d'autres, bien des pauvres
gens. Dès l'aube, une voix enrouée annonce le passage de la marchande de mouron, et à cette voix on
descend de six étages pour emporter, en échange
de cinq centimes, une poignée de l'herbe que les
serins aiment tant à becqueter.

La marchande qui approvisionne de mouron les
habitants de mon quartier, exerce [...] métier depuis
puis vingt ans; [...] appelait à neuf ans, elle
arriva un beau matin, à peine vêtue, sans chaus-
sures, et criant d'une voix fêlée et qui humiliait souvent les larmes: « Mouron pour les petits oiseaux! »

On s'intéresse à cette pauvre enfant qui, au point
du jour, seule, sans famille, sans protecteur, allait

acheter à la halle des bottes d'herbe, qu'elle venait
ensuite débiter dans la Chaussée-d'Antin pour gagner
quelques sous. La charité est féconde et ingénieuse
à Paris, surtout parmi ceux-là qui côtoient la pau-
vreté. On donna donc des souliers à l'enfant, on la

vêtit d'une robe noire
qui lui permit de
porter le deuil de sa
mère; et un peintre,
par hasard en veine
d'argent, lui loua
pour un an une man-
sarde dont il paya le
loyer d'avance. De-
puis lors rien n'a
changé pour cette la-
borieuse créature, si ce
n'est que d'enfant elle
est devenue femme.
Chaque matin elle se
rend à la halle, n'importe par quel temps, n'importe
par quelle saison; elle revient dans son quartier,
marche, crie, et vend du mouron jusqu'à midi, et
passe le reste de la journée à faire dans sa cham-
brette des ouvrages de grossière couture, son pauvre
dîner, et surtout la toilette de sa chambre resplen-
dissante de propreté, et qui ne prend jour qu'à travers une lucarne à demi fermée par une petite volière
pleine de serins. Ces derniers sont tout à la fois pour
elle une joie et un petit revenu. Elle possède les plus

beaux serins hollandais qu'on puisse trouver à Paris. Le roi des Belges, qui, enfant, aimait passionnément les serins et entretenait somptueusement un haras de ces oiseaux, comme d'autres princes élèvent des chevaux pour les courses, n'en possédait pas de plus beaux. Les oiseliers de Paris s'approvisionnent de serins, pour les revendre à haut prix, chez « la mère Rose », c'est le nom de cette femme, qui compte trente-deux ans à peine, et qui semble dépasser la cinquantaine, tant les fatigues l'ont vieillie avant le temps. Sobre et ne buvant jamais que de l'eau, forcée de clopiner par les rues pour annoncer sa marchandise, elle parle de la voix enrouée d'un ivrogne. Sa taille s'est courbée sous le poids de la hotte sans cesse attachée sur ses épaules; ses cheveux ont blanchi aux intempéries de toutes sortes; ses jambes se sont contournées à force de marcher. Mais que lui importe, pourvu qu'elle puisse payer son loyer, que « le commerce » aille bien, que des épidémies ne ravagent point ses cages, comme il n'arrive que trop souvent, et qu'elle puisse, avant de commencer sa rude journée, entrer un moment dans une église, à faire une courte prière à la sainte Vierge, et le soir, quand vient l'heure du repos, assister au salut qui réunit devant l'autel de la paroisse quelques rares personnes? Car la mère Rose est dévote, et, qui plus est, charitable. Elle a déjà rendu au centuple, à de pauvres enfants abandonnés, les aumônes qui ont secouru autrefois sa propre enfance, et si quelqu'un dans le quartier se trouve sérieusement malade et manque de garde, Rose passe les nuits à son chevet jusqu'au point du jour. Alors elle le quitte, s'en va acheter et revendre son mouron; et certes, à la voir arpenter vaillamment les rues, on ne se douterait guère qu'elle n'a point fermé l'œil depuis vingt-quatre heures.

Quoique la mère Rose ne sache ni lire ni écrire et qu'elle possède plus de cœur que d'intelligence, je puis vous assurer qu'on ne perd point son temps à deviser avec elle, pourvu, bien entendu, qu'on ne lui parle que de serins. Elle sait, sur les mœurs, sur les habitudes, sur les instincts, sur les passions de ces animaux, mille détails, mille observations fines et curieuses dont ne se doutent pas les princes de la science ornithologique : que Dieu leur pardonne ce vilain mot grec !

L'importation des serins en Europe ne remonte guère qu'au XVI<sup>e</sup> siècle. Une cage d'or remplie de ces oiseaux faisait partie des merveilles que Walter Raleigh rapporta des îles Fortunées, et offrit à la reine Elisabeth d'Angleterre.

Ces oiseaux, d'un gris presque aussi foncé que la linotte d'Europe, n'attirèrent d'abord que médiocrement l'attention de la reine, encore ne fut-ce que pour lui inspirer cette réflexion : « Pour venir de si loin, ils n'en sont pas plus beaux !

— Que Votre Majesté, dit Raleigh, daigne suspendre son jugement jusqu'à ce qu'elle ait entendu chanter ces petits musiciens. »

Et les oiseaux, comme s'ils eussent compris les

paroles du célèbre voyageur, se mirent aussitôt à dire de leur voix claire et suave un air fort à la mode à cette époque, et que Walter Scott cite dans son admirable roman de *la Prison d'Édimbourg*

> Loin des bords fumants, et par où le soleil de l'Angleterre

Dès lors les serins devinrent les favoris de la reine, qui ne s'en rapportait qu'à elle-même des soins qu'ils exigeaient. Elle en fut récompensée non seulement par de nombreuses mélodies que lui don-naient les oiseaux, mais encore par un changement singulier que subit peu à peu le plumage des serins nés dans la volière royale. Insensiblement ce plu-mage perdit de ses couleurs sombres, et cinq à six ans après tous portaient une livrée d'un jaune pâle qui fit appeler le serin *oiseau d'or*. On ne manqua pas de crier au miracle, et Shakespeare fait allusion dans un de ses poèmes à cette transformation mira-culeuse *due aux regards d'une souveraine plus puis-sante pour produire de l'or que le soleil de l'Atlan-tique*.

Élisabeth distribuait partout à ses favoris les pro-duits de sa volière; ses courtisans se disputaient un favori fort rare et fort recherché; on voit en-core dans la famille de lord Castlereagh un de ces oiseaux empaillés, à la patte duquel se trouve attaché un petit anneau d'or portant le monogramme de la reine.

Aujourd'hui le serin, devenu tout à fait domestitique, figure peu dans les palais et pullule dans les

mansardes. C'est
du reste un oiseau
gai, vif, alerte,
qui ne songe point
à se conquérir
une liberté qu'il
ne connaît point;
car il naît, vit
et meurt, depuis
trois cents ans,
de père en fils,
dans les habitudes
de la captivité.
Aussi ne sais-je
rien de plus triste
que de voir un
serin échappé par
hasard de sa cage
et errer triste-
ment sur les toits,
inquiet, gauche,
effrayé, et ne sa-
chant où trouver
un refuge et de la
nourriture; la plu-
part du temps
il finit soit par re-
venir de lui-même au logis déserté, soit par demander asile en frappant du bec à quelque fenêtre

étrangère qui bien rarement reste fermée pour lui.

C'est pourtant à des serins fugitifs, échappés de leur cage et revenus aux habitudes de la vie sauvage, qu'on attribue l'origine du cini, ou *serin vert de Provence (fringilla serinus)*.

Il habite une partie de l'Italie, de l'Espagne, de l'Allemagne et de la France, depuis la Provence

jusqu'en Bourgogne, et se hasarde rarement vers le Nord. Il ne conserve que sur la tête, la gorge et au-dessus de la queue, des traces de sa belle livrée jaune due à la domesticité de ses ancêtres; le reste du plumage est verdâtre et rayé de lignes longitudinales d'un brun velouté. La captivité ne modifie qu'à la longue ses couleurs. Son chant consiste en un cri aigu, fort, continu, mais modulé, qu'il ne fait

guère entendre qu'à l'époque des fiançailles. Il niche
sur les genêts, sur les chênes verts, sur les arbres
fruitiers, y pond, dans un nid assez grossièrement
construit, quatre ou cinq œufs marqués, à leur
gros bout, d'un cercle de points et de taches, soit
brunes, soit rougeâtres; enfin, comme le serin exotique, il se nourrit de petites graines, de seneçon,
de plantin, et des fleurs et des feuilles du mouron.

Le serin domestique, comme trop d'animaux associés à la vie de l'homme, se trouve soumis à beaucoup d'infirmités et de maladies que sans doute il ne
connaissait point à l'état de liberté; sujet à l'épilepsie,
à la goutte, aux éruptions cutanées, il compte,
parmi les savants, des médecins qui règlent, dans
de gros volumes, l'art de le médicamenter. De ce
nombre il faut citer Hervieux, auteur d'un ouvrage
in-4° publié en 1713, sous le titre de *Traité des
maladies des serins*, et le père Bougot, dont les
bibliophiles paient aujourd'hui au poids de l'or *l'Art
d'élever et de guérir les serins*, que Buffon ne dé-
daigne pas de citer. Quoi qu'il en soit de cette thé-
rapeutique à l'usage des serins, on a tort de les
regarder comme des oiseaux délicats; ils supportent
les frouds et les rigueurs de l'hiver aussi bien que
les plus robustes des oiseaux de nos climats.

Les Hollandais, dont le ciel n'a guère de soleil
lumineux et dont le climat n'est rien moins que
clément, élèvent en plein air leurs serins et se van-
tent d'en posséder la plus belle race; beaucoup de
ces passionnés amateurs leur laissent même une

liberté presque complète. Voici la description que fait M. Van Moersen du haras de serins qu'il possède à quelques kilomètres d'Amsterdam.

« Une pelouse verdoyante s'étend sur une pente graduée jusqu'à la lisière d'un large parc qui s'ouvre sur des perspectives presque illimitées. À la maison se rattache un terrain plein de beaux arbrisseaux de toute espèce soigneusement entretenus. Cette forêt d'arbrisseaux s'étend tout autour de la maison. À gauche, immédiatement au delà du jardin où l'on cultive les fleurs, et dans un coin abrité, se trouve une pièce d'eau ombragée par des arbres autour de laquelle se rassemblent les oiseaux pour jouir de la fraîcheur.

« Les serins vivent nuit et jour en parfaite liberté dans cet eldorado; ils construisent leurs nids, ils couvent leurs œufs, ils élèvent leurs petits, ils s'ébattent et y chantent.

« Quelquefois un nid se rencontre par hasard immédiatement au-dessous du vasistas d'une fenêtre. On peut passer le doigt sur le dos de la mère qui couve sans qu'elle s'effarouche et qu'elle se dérange. Lorsque les petits ont trois ou quatre jours, elle semble même se complaire à les voir caresser. Je ne sais rien de plus charmant que de voir ces jolies petites créatures de toutes nuances et de toutes couleurs nourrir leurs jeunes, tandis que les pères, perchés sur les arbrisseaux voisins, chantent leurs plus jolis airs.

« Les facultés musicales du serin, développées

dans un parc ouvert ou dans un bosquet d'arbrisseaux, ont quelque chose de tout nouveau pour
ceux qui n'ont jamais entendu chanter que des serins en cage. Rien n'égale la pureté, l'énergie, la
variété dont ils font preuve.

« Les serins jouissent chez moi de leurs entrées
libres dans la maison; ils mangent à table, ils volent
sur les épaules des jeunes filles, ils sont chez eux.
Cependant on leur sert une abondante nourriture
dans une grande cage qui se trouve placée sur la
pelouse, et où ils entrent par de petites ouvertures.
Si l'on veut les retenir, une corde légère tirée adroi-
tement ferme aussitôt toutes les issues.

« Quand maintenant je vois des serins en cage,
maladifs, boudeurs, et peu enclins à déployer la
richesse de leur voix, je ne m'en étonne point; si
quelque chose m'étonne, c'est qu'ainsi traités ils
chantent encore. »

## CHAPITRE VII



Il y a vingt ans, on voyait rarement à Paris des bouvreuils en cage. Aujourd'hui on en trouve un certain nombre, surtout dans le monde de la finance et des artistes, où on les paie des sommes assez rondes. Certains bouvreuils coûtent trois à quatre cents francs.

Il faut bien vite ajouter que ces bouvreuils sont d'admirables chanteurs, sachant jusqu'à sept ou huit airs qu'ils disent avec une justesse d'intonation et un goût qui tiennent du merveilleux. Quand on les encourage à chanter par un singulier moyen, qui consiste à balancer la tête devant eux, comme un poussah chinois, il faut les voir se rengorger, se gonfler, remuer doucement leur tête, entr'ouvrir leurs ailes, et les yeux à demi fermés, moduler d'un bout jusqu'à l'autre des lieder allemands et des chansons tyroliennes.

Ils chantent ainsi tout l'été, et restent silencieux depuis la fin de l'automne jusque vers les premiers jours du printemps. Aux approches du renouveau, on les entend caqueter à mi-voix et chercher à se remettre en mémoire les airs oubliés pendant l'inaction de la mauvaise saison. Ils les répètent note à note, se reprennent chaque fois qu'ils se trompent, ne se lassent point de cet exercice et s'y consacrent avec une persévérance vraiment artistique, jusqu'à ce qu'ils reconquièrent leur répertoire entier. Une fois ce succès obtenu, rien ne les arrête et ne peut les faire taire; ils chantent toute la journée; ils chantent même pendant la nuit, et un mois ou deux s'écoulent avant qu'ils usent sobrement de leur savoir musical.

Chaque année un montagnard tyrolien apporte à Paris une cinquantaine de ces charmants oiseaux. Autrefois il faisait la route à pied, les épaules chargées de cages suspendues à des perches et contenant chacune un bouvreuil; aujourd'hui il voyage par le chemin de fer, et en compagnie d'une adorable petite

femme blonde qui parle le français presque aussi
bien que l'alle-
mand, et que vous
êtes certain de ren-
contrer trois fois
la semaine pen-
dant la première
quinzaine de mai
à l'Opéra. Disons
plutôt qu'assise
dans un fauteuil
de première ga-
lerie. Elle se livre
sans réserve aux
émotions de la
musique, et pro-
fite presqu'invaria-
ment la main de
son mari pour le
remercier du plai-
sir qu'elle éprouve
à écouter les par-
titions de *Guil-
laume Tell* ou des
*Huguenots.*

Un hasard assez
singulier a fait la
fortune de cet
heureux ménage.

Il y a quinze ans, durant un voyage que fit le

baron Rothschild en Tyrol, et tandis qu'on relayait les chevaux de sa voiture, un jeune paysan de bonne mine lui offrit une cage de mince apparence; elle contenait un oiseau au plumage peu brillant. Aussi le baron repoussa d'abord de la main cet objet peu commode à emporter dans sa berline; mais il ne tarda point à changer d'avis quand il entendit le bouvreuil se mettre à chanter sans se tromper d'une note et sans produire un son douteux, d'abord la *cachucha*, puis des airs nationaux allemands.

« Combien veux-tu de cet oiseau? demanda-t-il au paysan.

— Un florin, Monsieur.

— Cela vaut mieux, » riposta le financier; et il mit dans la main du paysan, qui écarquillait les yeux comme s'il eût rêvé, trois ou quatre pièces d'or.

« As-tu encore d'autres bouvreuils qui valent celui-ci? demanda M. de Rothschild en souriant de l'extase du pauvre garçon.

— Une soixantaine, Monsieur. J'en élève sans cesse pour les vendre aux voyageurs qui par malheur ne me les paient point comme vous; sans cela j'épouserais Gretchen, que j'aime depuis deux ans et que son père me refuse, parce que je ne possède rien au monde qu'une chaumière et mes oiseaux.

— Je serai de retour à Paris dans un mois, viens m'y trouver; voici mon adresse. »

Et la chaise de poste partit au grand galop des chevaux, laissant le jeune paysan dans une émotion que vous comprenez sans peine.

Un mois après, jour pour jour, notre Tyrolien, ses soixante cages sur les épaules, arrivait rue Laffitte, entrait tout poudreux dans l'hôtel de M. de Rothschild et demandait à parler au maître de la maison dont il montrait la carte.

Tandis que le suisse hésitait à laisser arriver jusqu'au baron ce singulier visiteur, un hasard providentiel voulut que ce même baron se trouvât à la fenêtre de son cabinet. Il vit le Tyrolien, le reconnut à son attirail de cages, et se le fit amener près de lui.

« Monsieur, dit en allemand le voyageur, vous m'avez ordonné de venir ; me voici. Permettez-moi de vous offrir ce bouvreuil bien autrement savant que celui que vous m'avez acheté dans nos montagnes. Il va vous chanter douze airs. »

Et aussitôt il balança la tête devant l'oiseau, qui commença imperturbablement sa série de douze chansons et se conforma rigoureusement au programme annoncé.

M. de Rothschild donna l'ordre qu'on remît cinq cents francs à l'oiseleur et qu'on le conduisît dans un petit hôtel du voisinage, en annonçant qu'il se chargeait d'héberger à ses frais son ami du Tyrol.

Bientôt il ne fut plus question à Paris que des bouvreuils musiciens. On les vit, on les entendit, et on les admira chez le célèbre banquier, et on voulut s'en procurer de semblables, n'importe à quel prix. Aussi le Tyrolien repartit-il bientôt, toujours à pied, sans cages, et avec sept mille francs soigneusement renfermés dans sa ceinture.

Sept mille francs sont une vraie fortune en Tyrol. L'homme aux oiseaux ne tarda donc point à épouser Gretchen; or, comme Gretchen atteignait sa seizième année le jour de la cérémonie nuptiale, que nous sommes en 1866, et qu'en sa qualité de blonde et de montagnarde elle paraît encore plus jeune qu'elle ne l'est réellement, vous comprenez comment à l'Opéra chacun se retourne pour admirer sa luxuriante chevelure, ses traits fins, son nez coquettement retroussé, sa taille élégante et ses adorables petites mains.

Il existe de légères différences entre la forme et le plumage du bouvreuil français et du bouvreuil tyrolien; mais le premier, convenablement éduqué, peut devenir également un habile chanteur.

Toutefois, à l'état sauvage, il n'élève la voix que pour émettre une sorte de sifflement et un cri triste et plaintif commun aux deux sexes. Naturellement timide, il se tient caché dans les endroits ombragés et couverts, où l'on ne découvre pas sans peine son nid placé presque toujours au fond d'un buisson, d'une haie, et même dans les charmilles des parcs.

Ce nid, aussi souple que léger, se compose de petits morceaux de bois enlacés que recouvrent des racines menues. La femelle y pond cinq ou six œufs d'un blanc bleuâtre, marqués à leur gros bout d'un cercle de taches brunes et violettes; l'incubation

dure de quatorze à quinze jours; et deux mois suffisent pour que les petits se sentent assez forts pour
quitter leur mère et prendre leur volée.

Le bouvreuil allemand, auquel on donne le nom
de *cramoisi* et que les naturalistes appellent *pyrrhula erythrina*, diffère du nôtre en ce qu'il niche
sur les arbres les plus élevés des forêts, qu'un riche
plastron d'un rouge brun recouvre sa poitrine, et
qu'il pond des œufs verdâtres.

Le bouvreuil *loxia*, ou *pyrrhula*, se reconnaît à la
calotte noire qui recouvre sa tête, à son bec robuste
épais, convexe plutôt que conique, à sa mandibule
supérieure plus longue que l'inférieure, à ses narines
rondes, ouvertes sous de petites plumes dirigées en
avant, et à ses ailes obtuses, d'un gris cendré au-
dessus, rouge en dessous. Durant l'année, il se
nourrit de fruits rouges, de graines qu'il ne mange
qu'après les avoir dépouillées de leur péricarpe;
au printemps, il cueille et mange les premiers bourgeons des arbres fruitiers et surtout des pommiers.

Le bouvreuil se rencontre dans toutes les parties
du monde, excepté à la Nouvelle-Hollande, où presqu'ici les dépradations qu'il commet dans les ver-
gers empêchent de l'acclimater comme on le fait
pour la plupart de nos oiseaux indigènes, et même
pour le moineau. L'Amérique, l'Asie, l'Afrique ont
leurs espèces, qui varient de la nôtre par des différences, peu sensibles d'ailleurs, de forme et surtout
de couleurs. Celui qui s'éloigne le plus de son frère
de France est le *bouvreuil-perroquet* (*pyrrhula*

*fulcirostris*), d'un plumage olivâtre, qui appartient au Brésil, et dont le bec, caractéristiquement bombé, rappelle le bec de la perruche.

Les oiseleurs parviennent quelquefois à obtenir du bouvreuil et du serin des petits que les amateurs tiennent en grande estime. Leur livrée prend en partie les teintes jaunes maternelles, et ils se montrent d'autant plus infatigables chanteurs, que la nature leur interdit la reproduction de leur espèce.

Pris jeune et dans le nid, le bouvreuil s'apprivoise avec une grande facilité et s'associe parfaitement aux habitudes et au goût des personnes qui l'élèvent avec douceur. J'ai possédé dans mon enfance un de ces oiseaux qui ne me quittait pas d'un instant, quoiqu'il pût, quand bon lui semblait, s'envoler sur les beaux arbres qui s'élevaient à cette époque dans la cour du lycée de Douai. Il se tenait d'habitude blotti entre le collet de mon gilet et ma tunique, m'accompagnait en classe et me suivait à l'étude, où il se conduisait de façon à ne jamais troubler le silence et à ne jamais justifier l'ordre de me séparer de lui, ordre que je n'eusse point manqué de recevoir.

Un soir qu'il se promenait avec moi pendant la récréation et qu'il se jouait sur mon képi, tout à coup un oiseau de proie, poussé par la faim, rasa audacieusement mon épaule, saisit le bouvreuil dans ses serres et s'envola avec sa proie.

Aux cris que je jetais, un de mes camarades

occupé à tirer à l'arc décocha avec tant d'adresse
une flèche au brigand ailé, que celui-ci tomba des
airs percé en pleine poitrine et s'abattit à nos pieds.
Nous eûmes bien de la peine à détacher des ongles

de l'agonisant le pauvre bouvreuil, qui, grâce à
Dieu, vivait encore, malgré les profondes blessures
qu'il avait reçues et que nous parvînmes à guérir.

Pris au piège, le bouvreuil adulte, si doux cap

tivité qu'on veuille lui faire, refuse de manger, et se débat de toutes les façons dans sa cage. S'il ne parvient pas à se briser la tête contre les grilles de sa prison, il ne tarde point à y mourir de faim, semblable en cela au dernier des chefs indiens, Oséola. Oséola, en 1832, s'était rendu à une conférence demandée par les Américains sous prétexte de traiter de la paix, et, sans respect pour la foi jurée et pour le droit des gens, on s'empara du guerrier pied-noir, et on l'enferma dans une citadelle.

« Vous êtes des traîtres et des lâches, leur dit le captif; mais je saurai bien me rendre libre malgré vos fers. »

En effet, à quinze jours de là il était libre; car il était mort.

Le bouvreuil fait partie des oiseaux que Linné place dans son *horloge ornithologique*.

D'après ce célèbre naturaliste, le rossignol chante toute la nuit.

Le pinson est le plus matinal des musiciens ailés et devançant l'aurore. Il se fait entendre d'une heure et demie à deux heures du matin.

Presque en même temps, c'est-à-dire vers deux heures et demie, la fauvette à tête noire fait entendre un chant qui rivaliserait avec le chant du rossignol, s'il durait plus longtemps et ne se composait de courtes stances.

De deux heures et demie à trois heures, la caille, perdue dans les champs de blés, scande de petits sons moitié gloussés, moitié criés, dans lesquels les

habitants des campagnes croient entendre ces mots :
*Paye tes dettes! paye tes dettes!*

Vient ensuite le bouvreuil, qui chante ses amours sur un mode mélancolique et entremêlé, comme je vous l'ai dit, de sifflements et de susurrements.

De trois heures et demie à quatre heures, la

fauvette à ventre rouge jette hardiment et à pleine voix ses trilles harmonieux.

De trois heures et demie à quatre heures, se fait entendre le merle. Non-seulement il possède un chant qui lui est propre, mais encore il apprend très-bien tous les airs que le hasard lui fait entendre. Tous les merles d'une campagne habitée par M. Dureau de la Malle chantaient *la Marseillaise*; il avait suffi pour cela au savant d'enseigner cet air à un merle captif, et de le rendre ensuite à la liberté

De quatre heures à cinq heures, arrive le tour du
pouliot.

De quatre heures et demie à cinq heures, la mésange noire fait grincer sa voix agaçante.

Enfin de cinq heures à cinq heures et demie piaille
le moineau franc.

## CHAPITRE XIII

Les pigeons [illegible]. — L'[illegible] les Tuileries. — [illegible] — [illegible] Blanche. — Monde de [illegible] voitures. — [illegible] en Amérique. — Read et Ambrose. — D[illegible] leur conduite. — Ce qu'on [illegible] de [illegible] par tous les côtés français.

Il y a tout à dix ans, un homme d'une cinquantaine d'années, assez pauvrement vêtu, et qui semblait étranger, prit l'habitude de venir s'installer
dans les Tuileries dès qu'on ouvrait les grilles et d'y
demeurer jusqu'à l'heure où on les fermait. Assis sur
un banc près de [illegible] qui [illegible] le palais
et qui contraste si singulièrement par sa prétention
de jardin à l'anglaise avec la grandeur ordonnance

de le Nôtre, il vivait là comme un locataire dans son appartement. Ressentait-il la soif, il tirait de sa poche une gourde et il y buvait à petites gorgées. Avait-il faim, il puisait à même dans un petit panier qu'il portait toujours à son bras, et déjeunait ou dînait sans façon devant les curieux qui ne manquent jamais de se rassembler autour de tout ce qui leur offre le moindre caractère d'excentricité. Enfin, quand venait pour lui le besoin de dormir, il s'étendait sans façon sur le banc et y faisait un somme. Jamais ni le soleil ni la pluie ne l'obligeaient à quitter la place. Il s'abritait sous un vieux parapluie servant au besoin de parasol, ou bien, absorbé dans une profonde rêverie, il recevait les torrents d'eau et les rayons ardents sans paraître s'en apercevoir. Par une rude journée d'hiver, il resta là couvert par la neige et à demi enseveli sous sa couche blanche et glacée.

Les gardiens du jardin s'émurent d'abord de la présence de cet homme bizarre et voulurent lui interdire l'entrée des Tuileries ; il obéit si tristement qu'ils finirent par prendre en pitié un original qui se représentait tous les jours, en dépit de cette interdiction, et qui d'ailleurs n'amenait jamais avec lui, complètement inoffensif, ni trouble, ni scandale. Ils en référèrent à leurs chefs, et ceux-ci les autorisèrent à laisser en repos le pauvre diable.

A une quinzaine de jours de sa prise de possession définitive du jardin, on remarqua que des bandes de moineaux, et surtout de pigeons ramiers, accouraient de toutes parts, dès que le mystérieux personnage venait s'asseoir sur son banc. Ils commencèrent par ramasser à ses pieds les miettes

abondantes de pain qu'il y laissait tomber; et petit à petit, rassurés et enhardis, ils se perchèrent sur le dossier du banc, grimpèrent sur les genoux et sur les épaules du vieillard, et ils en vinrent même prendre de leur bec, dans sa bouche, le pain qu'il y mâchait. Non-seulement il se laissa faire, mais encore peu à peu il prit intérêt à la confiance que lui témoignaient ces oiseaux, et il s'en fit une société intime avec laquelle il se jouait. Tantôt il les enfermait délicatement dans ses mains sans qu'ils s'effarouchassent, et il les caressait; tantôt il leur jetait en l'air des boulettes de pain qu'ils saisissaient au vol avec une adresse merveilleuse. Le soir venu, et quand les tambours, en battant la retraite, donnaient le signal du départ aux promeneurs, moineaux et ramiers formaient cortége à leur ami, le reconduisaient jusqu'à la porte qui s'ouvre sur le quai, près du Pont-Royal, s'arrêtaient à la grille, sur laquelle ils se rangeaient en bandes, et saluaient de leurs cris l'inconnu, qui se retournait à chaque pas, et qui s'arrêtait pour leur dire adieu de la main.

Deux à trois années se passèrent ainsi. Un matin, les oiseaux se groupèrent, suivant leur habitude, autour du banc pour attendre celui qui arrivait toujours les mains et les poches pleines d'une abondante provende. Hélas! il ne vint ni ce jour-là, ni les jours suivants. Et comme personne ne savait ni son nom, ni le quartier qu'il habitait, les habitués des Tuileries en restèrent réduits aux suppositions sur la disparition mystérieuse de ce personnage singulier.

Quoi qu'il en soit, il ne tarda point à lui arriver des successeurs dans sa mission de sollicitude et d'amitié pour les oiseaux; et bientôt une vieille dame vint occuper sa place vide sur le banc. A sa vue tous les oiseaux commencèrent par s'envoler; mais bientôt, tentés par un grand sac de soie rempli de graines et de pain dont elle répandit autour d'elle le contenu, ils revinrent presque sans hésitation, et nouèrent avec elle, pour ainsi dire, sans transition

des relations semblables à celles qui existaient entre eux et l'inconnu.

Les pigeons ramiers qui habitent les parcs impériaux, les Tuileries, et qui s'y montrent si confiants et si familiers, ont, grâce à leur contact avec l'homme, perdu toutes les habitudes qui les caractérisent à l'état sauvage; non-seulement ils y nichent à côté de la corneille, leur plus cruel ennemi dans les forêts, mais encore ils n'émigrent point en octobre, et ils passent l'hiver à Paris, sûrs que les provisions ne leur manqueront point.

Tout autre part qu'aux Tuileries et au Luxembourg, où se passent des scènes analogues à ce que je viens de vous conter, les ramiers se nourrissent de glands, de faînes, et même de fraises, dont ils se montrent très-friands. A défaut de ces aliments, ils s'attaquent à diverses espèces de graines, et aux pousses tendres des différentes plantes; ils se jettent en bandes nombreuses sur les terres nouvellement ensemencées, sur les moissons, et y causent de grands dégâts. Ils ont ceci de particulier avec un grand nombre de gallinacés, qu'ils vont pâturer à des heures réglées, et chôment presque tout le reste du temps. Dans ces moments de *far niente*, ils aiment à se percher sur les branches dépouillées de verdure qui se dressent à la cime des plus hauts arbres. Pendant les matinées fraîches, on les y voit, au lever du soleil, immobiles durant des heures entières, et attendant qu'un rayon vienne rendre à leurs ailes roidies un peu de souplesse et de vigueur. Pendant la belle saison, ils se plaisent dans les arbres feuillus; et ils y établissent leur nid.

La part que le mâle et la femelle prennent à la construction de ce nid mérite d'être rapportée. Toujours la femelle en choisit la place. Ce choix fait, seule elle met en œuvre les matériaux que le mâle lui apporte. Jamais elle ne s'écarte de la branche où

elle veut jeter les premiers fondements de son nid
tandis que le mâle se met en quête, et parcourt tous
les arbres des alentours. Lorsqu'il aperçoit des bu-

chettes mortes attenant à leur tronc, car jamais il
ne ramasse celles qui sont à terre, il en choisit une
la saisit avec les pattes, ou quelquefois la tire avec
le bec, et cherche à le détacher, soit en appuyant

dessus de tout le poids de son corps, soit en agissant sur elle fortement par des tractions réitérées; dès qu'il parvient à l'enlever, il l'emporte, la remet à la femelle, et repart pour continuer sans relâche, pendant des heures entières, la même besogne. Il n'est, on le voit, que le manœuvre, tandis que sa compagne se réserve exclusivement la part intelligente de la construction.

Quoi qu'il en soit, cette construction n'exige pas beaucoup d'art; grossière et peu solide, elle ne dure même pas toujours jusqu'à l'époque où les jeunes deviennent assez forts pour prendre leur essor et renoncer aux soins de leurs parents. Si un accident survient, et que le nid tombe en ruines, les fortes branches sur lesquelles le nid se trouve presque toujours établi, offrent alors un appui aux *rameraux*; c'est le nom qu'on donne aux jeunes ramiers.

La ponte n'est ordinairement que de deux œufs, entièrement blancs. L'incubation dure quatorze jours, et il faut autant de temps pour que les petits puissent voler et se pourvoir d'eux-mêmes.

Durant la période de l'accroissement de leur lignée, le père et la mère lui apportent à manger à des heures réglées; car le ramier professe en toutes choses une régularité méthodique. Le matin, vers huit heures, les ramereaux prennent leur premier repas, et le second se fait entre trois et quatre heures du soir. Pendant les premiers jours, la femelle n'abandonne pas ses petits, et les réchauffe sous ses ailes, plus tard, elle se tient dans les environs, à portée de les observer. Le mâle, qui trahit sa présence par un roucoulement fort et plaintif, l'assiste et la remplace au besoin dans ce double devoir.

Un nombre considérable de pigeons ramiers arrivent dans le midi de la France vers la fin du mois d'octobre ; aussi leur y fait-on à cette époque une chasse acharnée, et souvent productive.

Audubon a consacré un des chapitres de ses *Scènes de la nature* aux pigeons ramiers d'Amérique.

« La multitude de ces pigeons dans nos forêts est telle, dit-il, que je me demande si ce que je vais raconter est réel. Et pourtant je l'ai vu, je l'ai bien vu, et en compagnie de personnes qui, comme moi, en restèrent frappées de stupeur.

« Pendant l'automne de 1813, je partis des bords de l'Ohio, et me dirigeai vers Louisville, en traversant les landes qu'on trouve à quelques milles au delà de Hardensbourg. Je remarquai des pigeons qui volaient du nord-est vers le sud-ouest en si grand nombre, que je n'avais jamais rien vu de pareil. Voulant compter les troupes qui passeraient à portée de mes regards dans l'espace d'une heure, je descendis de cheval, je m'assis sur une éminence, et je commençai à faire un trait de crayon à chaque bande que je voyais. Mais bientôt je reconnus que la chose devenait impraticable ; car les oiseaux se pressaient en innombrables multitudes. Je me levai, je comptai les traits marqués sur mon album ; j'en comptai cent soixante-trois, faits en vingt et une minutes.

« Je continuai ma route, et plus j'avançais, plus je rencontrais de pigeons. L'air s'en trouvait littéralement rempli ; la lumière du jour, en plein midi, s'en obscurcissait comme par une éclipse ; la fiente tombait semblable aux flocons d'une neige fondante, et le bourdonnement continu des ailes m'étourdissait et me donnait le vertige.

« Je m'arrêtai au confluent qui réunit la rivière Salée à l'Ohio ; et de la rive je vis à loisir d'immenses légions de pigeons passant toujours sur un front qui s'étendait bien au delà de l'Ohio, dans l'ouest, et des forêts de hêtres qu'on découvre directement à l'est. Pas un seul oiseau ne se posa, car on ne voyait ni un gland, ni une noix dans le voisinage, et ils volaient si haut, qu'on essayait vainement de les atteindre, même avec la plus forte carabine. Je renonce à vous décrire l'admirable spectacle qu'offraient leurs évolutions aériennes : lorsque, par hasard, un faucon venait à fondre sur l'arrière-garde de l'une de leurs troupes, tous les pigeons à la fois, comme un torrent et avec un bruit de tonnerre, se précipitaient en masses compactes, et se pressaient l'un sur l'autre vers le centre ; tandis que ces masses solides dardaient en avant, en lignes brisées ou gracieusement onduleuses, descendaient et rasaient la terre avec une inconcevable rapidité, montaient perpendiculairement de manière à former une immense colonne, puis, à perte de vue, tour-

noyaient en tordant leurs lignes sans fin, semblables à un gigantesque serpent.

« Avant le coucher du soleil, j'atteignis Louis-ville, éloignée de Hardensbourg de cinquante-cinq milles; les pigeons passaient toujours en même nombre. Ils continuèrent ainsi pendant trois jours sans cesser. Tout le monde ayant pris les armes, les bords de l'Ohio étaient couverts d'hommes et de jeunes garçons fusillant sans relâche les pauvres voyageurs, qui volaient plus bas en passant la ri-vière. On en détruisit des milliers, pendant une se-maine et plus, toute la population ne se nourrit que de pigeons, et pendant ce temps l'atmosphère resta profondément imprégnée de l'odeur particulière à cette espèce d'oiseaux.

« Aussitôt qu'ils aperçoivent quelque part une chute d'eau convenable, les pigeons se proposent à des centres, et volent d'abord en larges courbes, en passant en revue la contrée au-dessous d'eux. C'est pendant ces évolutions que leurs masses profondes offrent des aspects d'une admirable beauté et dé-ploient, selon qu'ils changent de direction, tantôt un tapis du plus riche azur, tantôt une couche brillante d'un pourpre foncé. Alors ils passent plus bas par-dessus les bois, et par instants se perdent parmi le feuillage, pour reparaître le moment d'après et se relever au-dessus de la cime des arbres. Enfin les voilà posés, mais aussitôt, comme saisis d'une terreur panique, ils reprennent leur vol, avec un battement d'ailes semblable au roulement lointain

du tonnerre ; et ils parcourent en tous sens la forêt,
comme pour s'assurer qu'il n'y a nulle part de danger. La faim cependant les ramène bientôt sur la
terre, où on les voit retournant très-adroitement
les feuilles sèches qui cachent les graines et les fruits
tombés des arbres. Sans cesse, les derniers rangs
s'enlèvent et passent par-dessus le gros du corps,
pour aller se reposer en avant ; et ainsi de suite,
d'un mouvement si rapide et si continu, que toute
la troupe semble être en même temps sur ses ailes.
La quantité de terrain qu'ils balayent est immense,
et la place, rendue si nette, que le glaneur qui vou-
drait venir après eux perdrait complétement sa
peine. Ils mangent quelquefois avec une telle avidité, qu'en s'efforçant d'avaler un gros gland ou une
noisette, ils restent là longtemps, en tirant le cou
et haletant, comme sur le point d'étouffer.

« C'est lorsqu'ils remplissent ainsi les bois qu'on
en tue des quantités prodigieuses, et sans que le
nombre paraisse en diminuer. Vers le milieu du
jour, quand leur repas est fini, ils s'établissent sur
les arbres pour reposer et digérer. Par terre, ils
marchent aisément, aussi bien que sur les branches,
et se plaisent à étaler leur belle queue, en imprimant
à leur cou un mouvement en arrière et en avant des
plus gracieux. Quand le soleil commence à disparaître, ils regagnent en masse leur *juchoir* quelquefois à des centaines de milles, ainsi que me l'ont
affirmé plusieurs personnes qui avaient exactement
noté le moment de leur arrivée et de leur départ.

« Et nous aussi, cher lecteur, suivons-les jusqu'aux lieux qu'ils ont choisis pour leur nocturne rendez-vous. J'en sais un, notamment, digne de tout votre intérêt : c'est sur les bords de la rivière Verte et, comme toujours, dans cette partie de la forêt où il y a le moins de taillis et les plus hautes futaies. Je l'ai parcouru sur un espace d'environ cinquante milles, et j'ai trouvé qu'il n'avait pas moins de trois milles de large. La première fois que je le visitai, les pigeons y avaient fait élection de domicile depuis une quinzaine, et il pouvait être deux heures avant le soleil couchant lorsque j'y arrivai. On n'en apercevait encore que très-peu; mais déjà un grand nombre de personnes, avec chevaux, charrettes, fusils et munitions, s'étaient installées sur la lisière de la forêt. Deux hommes du voisinage de Russellville, distante de plus de cent milles, avaient amené près de trois cents porcs, pour les engraisser de la chair des pigeons qui allaient être massacrés; et çà et là on s'occupait à plumer et saler ceux qu'on avait précédemment tués et qui étaient véritablement par monceaux. La foule, sur plusieurs pointes de profondeur, couvrait la terre. Je remarquai quantité d'arbres de deux pieds de diamètre, rompus assez près du sol, et les branches des plus grands et des plus gros avaient été brisées comme si l'ouragan eût dévasté la forêt. En un mot, tout me prouvait que le nombre des oiseaux qui fréquentaient cette partie des bois devait être immense, au delà de toute conception. À mesure

qu'approchait le moment où les pigeons devaient
arriver, leurs ennemis, sur le qui-vive, se prépa-
raient à les recevoir. Les uns s'étaient munis de mar-
mites de fer remplies de soufre; d'autres, de torches
et de pommes de pin; plusieurs, de gaules, et le
reste de fusils. Cependant le soleil était descendu
sous l'horizon, et rien encore ne paraissait! Chacun
se tenait prêt, et le regard dirigé vers le clair fir-
mament qu'on apercevait par échappées à travers
le feuillage des grands arbres.... Soudain un cri
général a retenti: « Les voici! » Le bruit qu'ils faisaient, bien qu'éloigné, me rappelait celui d'une
forte brise de mer parmi les cordages d'un vaisseau
dont les voiles sont ferlées. Quand ils passèrent
au-dessus de ma tête, je sentis un courant d'air
qui m'étonna. Déjà des milliers étaient abattus par
les hommes armés de perches; mais il continuait
d'en arriver sans relâche. On alluma les feux, et
alors ce fut un spectacle fantastique, merveilleux
et plein d'une magnifique épouvante. Les oiseaux
se précipitaient par masses et se posaient où ils pouvaient, les uns sur les autres, en tas gros comme
des barriques; puis les branches, cédant sous le
poids, craquaient et tombaient, entraînant par terre
et écrasant les troupes serrées qui surchargeaient
chaque partie des arbres. C'était une lamentable
scène de tumulte et de confusion. En vain aurais-je
essayé de parler, ou même d'appeler les personnes
les plus rapprochées de moi. C'est à grand'peine
si l'on entendait les coups de fusil; et je ne m'a-

percevais qu'on eût tiré qu'en voyant recharger les armes.

« Personne n'osait s'aventurer au milieu du champ de carnage. On avait renfermé les porcs, et l'on remettait au lendemain pour ramasser morts et blessés; mais les pigeons venaient toujours, et il était plus de minuit que je ne remarquais encore aucune diminution dans le nombre des arrivants. Le vacarme continua toute la nuit. J'étais curieux de savoir à quelle distance il parvenait, et j'envoyai un homme habitué à parcourir les forêts. Au bout de deux heures il revint et me dit qu'il l'avait distinctement entendu à trois milles de là. Enfin, aux approches du jour, le bruit s'apaisa un peu, et longtemps avant qu'on put distinguer les objets, les pigeons commencèrent à se mettre en mouvement dans une direction tout opposée à celle par où ils étaient venus le soir. Au lever du soleil, tous ceux qui étaient capables de s'envoler avaient disparu. C'était maintenant le tour des loups, dont les hurlements frappaient nos oreilles; renards, lynx, couguars, ours, ratons, opossums et hommes, bondissant, courant, rampant, se pressaient à la curée, tandis que des aigles et des faucons de différentes espèces se précipitaient du haut des airs pour le supplanter, ou du moins prendre leur part d'un aussi riche butin.

« Alors, eux aussi, les auteurs de cette sanglante boucherie, commencèrent à faire leur entrée au milieu des morts, des mourants et des blessés. Ils pigeons furent entassés par monceaux ; chacun en prit ce qu'il voulut ; puis on lâcha les cochons pour se rassasier du reste.

« Si l'on ne connaissait pas ces oiseaux, on serait naturellement porté à conclure que d'aussi terribles massacres devraient bientôt avoir mis fin à l'espèce ; mais j'ai pu m'assurer, par une longue observation, qu'il n'y a que le défrichement graduel de nos forêts qui puisse réellement les menacer, attendu que, dans la même année, ils quadruplent fréquemment leur nombre, ou tout au moins ne manquent jamais de le doubler. En 1805 j'ai vu des schooners, ayant une cargaison complète de pigeons pris au haut de la rivière Hudson, venir les décharger aux quais de New-York, où ils se vendaient un *cent* la pièce [1]. En Pensylvanie, j'ai connu un individu qui en prit près de cinq cents douzaines dans une *tirasse*, en un seul jour ; il en balayait quelquefois vingt douzaines et plus d'un même coup de filet. Au mois de mars 1830, ils étaient si abondants sur les marchés de New-York, qu'on en rencontrait par tas dans toutes les directions. Aux salines des États-Unis, j'ai vu des nègres fatigués d'en tuer pendant des semaines, lorsqu'ils descendaient pour boire l'eau sortant des tuyaux d'exhaure. Encore en 1826, dans la Louisiane, je les ai trouvés rassemblés par troupes aussi nombreuses que jamais.

« Veut-on se faire une idée du nombre de ces

---

[1] Un centième de dollar, ou environ cinq centimes de France.

pigeons, et de la quantité de nourriture qu'ils peuvent consommer dans un jour?

« Il suffit de prendre pour base de l'opération une colonne de ces oiseaux, d'un mille de large, ce qui est bien au-dessous de la réalité, passant sans interruption, pendant trois heures, à raison d'un mille par minute; on aura ainsi un parallélogramme de cent quatre-vingts milles de long, sur un mille de large. Supposez maintenant deux pigeons par mètre carré, le tout vous donnera un billion cent quinze millions cent cinquante-six mille pigeons par troupe. Or, comme chaque pigeon consomme journellement une bonne demi-pinte, la nourriture nécessaire pour subvenir à cette immense multitude sera de huit millions sept cent douze mille boisseaux par jour. »

Non-seulement l'homme fait servir les pigeons à sa nourriture et au plaisir cruel de la chasse, mais encore il trouve le moyen de les associer à ses spéculations et à ses jeux. Jusqu'à l'époque où l'administration des postes donna à l'expédition de ses dépêches une activité en rapport avec les besoins de l'industrie et du commerce, et surtout jusqu'à la création de la télégraphie privée, on se servit en France, en Belgique, en Hollande et en Allemagne des pigeons pour transmettre rapidement à de grandes distances les cours de la bourse. Dans ce but, on sortait des pigeonniers un certain nombre de femelles près de couver, on les marquait d'un signe à l'aile, et on les dirigeait, dans des corbeilles, par la diligence, vers la capitale d'où l'on voulait recevoir des nouvelles financières. Là on attachait un petit billet sous l'aile du pigeon, et l'on mettait l'oiseau en liberté. Aussitôt il prenait son vol, s'élevait à une grande hauteur, y planait quelques instants, et partait ensuite avec une grande rapidité vers le pigeonnier où l'attendaient son nid et ses œufs.

On a calculé qu'un pigeon bon voilier franchissait de quatre à cinq kilomètres par minute.

L'idée de recourir aux pigeons pour transmettre des dépêches a été mise en pratique la première fois à Anvers, par un négociant qui avait longtemps habité la Chine.

Les habitants du Céleste-Empire professent, on le sait, une passion effrénée pour le jeu, et recherchent avec une avidité ingénieuse tous les moyens de s'y livrer; ils raffolent surtout de paris, et ils ont, non comme en Angleterre et comme en France, des courses de chevaux, mais des *vols de pigeons*. Dans ce but, ils élèvent à grands frais, et avec toutes sortes de soins minutieux, des pigeons d'une espèce particulière, et que caractérisent une taille robuste et des ailes d'une vigueur peu commune. On transporte ces pigeons à une distance convenue, sur des jonques, dans des corbeilles en treillage, et on les met en liberté, à une heure dite.

Toutefois, avant de les lâcher, on leur attache à la queue une sorte de petit sifflet en bois très léger, et composé de huit à quinze tuyaux de dimensions différentes, savamment calculés et combinés de façon à produire une sorte d'accord, lorsque le vent s'introduit avec force dans ces tubes, grâce à la rapidité et à l'impulsion de l'oiseau qui fend impétueusement l'air.

Les parieurs attendent les pigeons à l'entrée du pigeonnier, et ils reconnaissent de loin celui ou ces oiseaux qui leur appartient, à la musique produite par le sifflet; ils savent ainsi à l'avance quels sont les vainqueurs ou les vaincus.

En Belgique et dans certains départements de la France, on a également des vols de pigeons, et sans doute on les complétera bientôt en imitant la méthode chinoise.

## CHAPITRE IX

Le merle Jeannot. — La folle aux oiseaux

Quelle est cette voix qui crie à la porte de mon cabinet, et en m'appelant de mon nom : Henri! Henri! Qui frappe contre ma porte, à coups impératifs? C'est mon merle favori, Jeannot. Il s'ennuyait dans la cuisine, quoique ma cuisinière soit sa favorite, qu'elle l'ait élevé tout petit, quand il n'était même pas encore couvert de plumes, et qu'elle lui donne le meilleur des bonnes choses qu'elle sait préparer. Voici Jeannot qui s'installe sur mon bureau, et qui interroge de son grand œil noir tous les objets qui m'entourent. Tout à coup un de ces masques en bois de la Nouvelle-Calédonie que les indigènes mettent sur leur tête en guise de casque, pour paraître plus grands et plus effrayants à leurs ennemis, frappe les regards de l'oiseau ; il entre en fureur, il l'attaque, il le frappe de son bec, et il ne faut rien moins que mon intervention pour l'apaiser. Il s'arrête néanmoins à ma voix, et vient se percher sur mon épaule.

Jeannot est un enfant de la Vendée, et le descendant d'un des merles dont je veux vous conter l'histoire.

Il y a quarante ans, le quartier que l'on désignait alors sous le nom de la *Nouvelle-Athènes*, quartier sillonné en tous sens aujourd'hui par les rues de la Rochefoucauld, de la Bruyère, d'Aumale, Blanche, Pigalle et de Douai, se composait d'immenses jardins, au bas desquels la rue de la Rochefoucauld commençait à dresser sa pente raide, où se trouvaient les maisons récemment construites d'Horace Vernet, de Talma, de Mlle Mars et de Mlle Duchesnois. En remontant cette pente, à peine apercevait-on, au milieu des arbres centenaires qui dressaient de de toutes parts leurs têtes luxuriantes de verdure, deux hôtels perdus sous les ombrages. Ils appartenaient à l'académicien Arnault, l'auteur de la tragédie *Marius à Minturnes*, et au marquis de Fortia d'Urban, membre libre de l'Académie des inscriptions et belles-lettres, qui consacrait une partie de son immense fortune à rééditer et à annoter des livres rares et des documents historiques inédits

À côté, étaient le parc et les serres de M. Boursault, financier célèbre, et l'habitation de Charles Des-champs, jeune peintre, dont on commence à *couvrir d'or les toiles*, pour me servir d'une expression du temps.

La maison de cet artiste occupait la partie la plus solitaire et la plus mystérieuse de ce singulier quartier. Elle se cachait sous d'immenses marron-niers entremêlés d'ormes et de chênes qui formaient la ceinture d'un petit parc traversé par les sinuo-sités d'un ruisseau dont les eaux, amenées à grands frais, tombaient en cascade d'un rocher, mêlaient leurs bruits aux murmures des arbres et aux chants de milliers d'oiseaux de toutes les sortes.

L'auteur des *Ruines*, le sénateur Volney, avait fait construire, en 1804, cette villa, acquise depuis quelques années par Charles Deschamps, et sur l'une des faces de laquelle on lisait l'inscription suivante : *Comme il ne croit point à la stabilité de la fortune, le sénateur Volney a fait construire cette petite maison pour y trouver un refuge.*

L'administration des hospices, soit dit en passant, vient de faire abattre ce qui restait encore du logis de Volney, pour y substituer une école gratuite de jeunes filles desservie par les sœurs de la Charité. Par un contraste singulier, désormais il ne se dira plus que des prières là où jadis s'est professé tant de fois un athéisme sans vergogne.

La façade de l'hôtel, d'une simplicité exagérée, sur laquelle ne s'ouvrait point une seule fenêtre,

et où l'on n'avait pratiqué qu'une porte, ajoutant
encore à l'effet du confort et de l'élégance dont le
visiteur se trouvait entouré dès qu'il franchissait
le seuil. Si l'artiste avait laissé à l'extérieur de son
habitation le cachet sec et froid donné par Vaïnes,
il avait pris sa revanche à l'intérieur, où se trouvaient réunies toutes les recherches du bien-être
et du luxe les mieux entendues.

Un immense atelier prenant jour sur le jardin par
une glace de quatre mètres — véritable merveille à
cette époque, et faite expressément pour Deschamps
dans les usines de Saint-Gobain. Cet atelier pouvait
passer pour un véritable musée, tant il se trouvait
encombré d'armes et de costumes de toutes les
contrées du monde, d'objets d'art, de porcelaine
de Chine et du Japon, de faïences d'Albisola, de
statues antiques et de peintures originales des grands
maîtres. Quatre portes bannies par des tapisseries
des Gobelins menaient, la première, à un salon
digne de Lotelier, et dont l'ameublement somptueux
appartenait au siècle de Louis XIV; la seconde, à
une salle à manger que caractérisait le style sévère
du XIIIe siècle, et la troisième, à la chambre à coucher de l'artiste, tout entière dans le goût du XVIII
siècle. Le coquet mobilier en avait été fait pour
M. Buthé par le célèbre tapissier Lefong, et il était
arrivé chez l'artiste après diverses vicissitudes qui
cependant n'en avaient même point altéré la fraîcheur.

La quatrième porte enfin conduisait à un petit

appartement dont le chaste aspect ne ressemblait
en rien au reste du logis. Il se composait d'un salon,
d'une chambre à coucher, d'un cabinet de toilette
et d'un oratoire. Tout était blanc dans ce charmant
logis; des tentures et des rideaux en damas de soie
blanc enveloppaient les fenêtres et recouvraient les
murailles; les tapis, en véritables peaux d'hermine,
s'étendaient sur les parquets; enfin, au-dessus du
prie-Dieu de l'oratoire on voyait une vierge de Fra
Angelico, toile d'une inappréciable valeur.

Cet appartement se
trouvait occupé par
une jeune fille, dont
une nature délicate ca-
ractérisait la beauté un
peu maladive. C'était
un de ces enfants mi-
gnons et un peu lan-
guissants, que ceux qui
les aiment redoutent
sans cesse de voir près
de se transformer en
anges et de remonter
au ciel. Aussi, au plus
fort de ses inspirations
et de son travail, voyait-
on tout à coup le
peintre laisser brusquement sa toile et ses pinceaux,
et entrer avec une précipitation pleine de crainte
dans l'appartement de sa fille; s'il la trouvait as-

soupir, il se penchait sur elle, étudiait avec anxiété sa respiration, et revenait doucement se rasseoir devant son chevalet.

Au contraire, entendait-il dans le jardin les aboiements d'un petit chien qui ne quittait jamais Marie, il courait se mettre devant la glace sans tain qui servait de fenêtre à l'atelier, et oubliait tout pour suivre d'un regard attendri chacun des mouvements de l'enfant, courant et jouant à travers les arbres.

Une femme d'une trentaine d'années, et qui portait le costume pittoresque des paysannes vendéennes, ne quittait jamais d'un instant la jeune fille; elle partageait la sollicitude de Deschamps pour l'enfant nourrie de son lait, et près du chevet de laquelle elle avait passé tant de nuits d'angoisses à pleurer et à prier. Marie n'aurait pu se passer une heure de Jeanne, et Jeanne ne  se sentait plus vivre quand il lui arrivait par hasard de se séparer de « sa fille », comme elle la nommait à juste titre; car elle ressentait pour elle la tendresse de la mère la plus passionnée.

Charles Deschamps, malgré la femme dévoué

qu'il savait près de Marie, ne pouvait guère sortir de son logis sans éprouver des inquiétudes.

Le soir, pour se reposer d'un travail de douze heures, il se laissait aller parfois à son goût passionné pour l'équitation, et montait Simoun, magnifique cheval arabe dont le roi lui avait fait présent ; mais à peine sorti, il lui arrivait souvent de tourner bride brusquement et de revenir au galop chez lui pour revoir et embrasser sa fille, la seule tendresse qui lui restât au monde.

La frêle et mignonne créature ne justifiait que trop la sollicitude craintive de son père et de sa nourrice.

Le jour même de sa naissance, elle avait perdu sa mère, mariée depuis un an à peine.

En voyant morte celle qu'il aimait depuis dix ans, qu'il n'avait obtenue de sa famille qu'après des résistances longues et obstinées et des épreuves sans nombre, l'infortuné sentit sa raison s'égarer ; l'idée de suicide le fascina de son fatal vertige, et déjà il tenait à la main un pistolet quand un vagissement sortit du berceau de la nouveau-née. En entendant la voix de l'enfant qui allait devenir deux fois orpheline, il repoussa l'arme, se jeta sur le cadavre et s'écria : « Je te le jure, je vivrai pour elle ! »

En effet, il consacra dès lors sa vie à cette enfant à laquelle il donna le nom de sa mère, et dont les traits, la voix et jusqu'à la langueur lui rappelaient celle qu'il avait perdue. Il tremblait sans cesse, avec trop de raison, pour le pauvre petit être chétif.

continuellement menacé par la maladie. C'est pour elle qu'il avait acheté cette habitation, entourée d'un jardin, élevée sur le pied de la colline de Mont-martre, et de toutes parts inondée d'un air frais et pur qui n'empoisonnaient pas les fétides émanations du bas Paris. C'est pour elle qu'il travaillait avec une ardeur fiévreuse, pour elle qu'il prodiguait tout

ce qu'il gagnait, pour elle qu'il menait une vie solitaire, et dont les exigences les plus impérieuses de sa position parvenaient rarement à le faire sortir de temps en temps; il ne vivait, il ne respirait réellement que près de sa fille.

L'intelligence précoce de Marie et son amour pour son père et pour sa nourrice justifiaient d'ailleurs ces tendresses efficaces, sur lesquelles elle s'appuyait avec une foi sans réserve. L'un près de l'autre, ils se sentaient les trois créatures les plus heureuses du monde, et un indifférent n'eût pu voir sans émotion la jeune fille à demi couchée dans les bras de Jeanne et tenant ses grands yeux bleus attachés sur son père avec une ineffable expression. Celui-ci suivait du regard ses moindres mouvements et ne pouvait se rassasier de la voir. Ah! c'est que, voyez-vous, comme le dit saint Augustin, il n'y a pour un homme que deux vrais amours, l'un au ciel avec Dieu, l'autre sur la terre avec un enfant.

Hélas! ce dernier bonheur est fragile! Deschamps le comprenait si bien, qu'il ne pouvait s'en détacher un moment et qu'il le savourait avec une sorte d'extase pleine de craintes. Une voix mystérieuse, un de ces pressentiments qui parlent à l'âme, semblait lui dire qu'il fallait se hâter d'en jouir, et que l'heure fatale de la séparation approchait sinistrement.

Un soir, Marie avait exprimé à son père un de ces désirs qui passent dans la tête des enfants sans y laisser de trace, et qui s'oublient avant même d'être exprimés. Deschamps n'en résolut pas moins de le satisfaire, et par une belle soirée d'automne il alla prendre Marie dans sa chambre, la fit parer par Jeanne de sa plus belle robe, et la conduisit devant une charmante voiture découverte à laquelle un domestique achevait d'atteler le cheval arabe Simoun.

« Tu m'as dit l'autre jour, mignonne, que tu désirais venir un soir te promener avec moi au bois de Boulogne; voici ton désir qui va se réaliser. »

L'enfant regarda son père avec attendrissement.

« Que tu es bon! dit-elle; je ne me souviens plus de cette fantaisie, et tu t'en souviens, toi, père!

— Allons, allons! s'écria Deschamps qui se sentait venir les larmes aux yeux, car le seul son de la voix de sa fille le remuait jusqu'au fond des entrailles. Allons! viens t'asseoir à mes côtés, enveloppe-toi avec soin de cette pelisse, et partons »

Jeanne plaça elle-même dans la voiture l'enfant, qui l'embrassa en lui disant

« Allons, petite mère, ne fais point ainsi la moue, nous reviendrons bien vite. »

Jeanne, du revers de sa main, essuya ses petites larmes jumelles, le domestique remit les rênes à l'artiste, et Simoun partit comme l'éclair.

« Ah! disait Marie, quelle bonne chose que de traverser ainsi rapidement la ville! Quelle longue avenue! N'est-ce point là les Champs-Élysées dont tu me parlais l'autre jour? Ce bois vers lequel Simoun nous emporte ne se nomme-t-il point le bois de Boulogne? Je suis bien heureuse à la maison, père; mais je me sens plus heureuse encore ici! Avec toi, dans ces lieux nouveaux, il me semble que je fais un beau rêve! »

L'heureux père, qui se sentait inondé de joie par la joie de sa fille, se tourna pour mieux la voir dans ce mouvement les rênes lui glissèrent des mains. Il se penchait pour les ressaisir, quand une voiture déboucha brusquement au détour d'un chemin et vint heurter Simoun. Le cheval prit peur, s'emporta et partit au galop, éperdu et rendu furieux par les rênes qui traînaient à terre, lui battaient les jambes et lui frottaient les flancs. Tout à coup la voiture se heurta violemment au tronc d'un arbre, se brisa, et lança à quelques pas de là Marie et son père, qui tenait désespérément son enfant serrée contre sa poitrine.

On s'empressa d'accourir à son secours.

« Malheur! dit une des personnes qui les relevèrent. Malheur! le père est mort, et l'enfant a reçu à la tête une blessure dont elle ne guérira sans doute pas. »

Je ne sais point de ville où l'on se passionne et où l'on oublie plus vite qu'à Paris. Les premiers jours, la mort imprévue et dramatique de Charles Deschamps produisit une immense sensation, et je pourrais même dire qu'il fut un véritable chagrin pendant une semaine ou peu s'en faut. On ne s'entretenait que de la perte prématurée faite par les arts, on ne s'abordait qu'en se demandant ou en se racontant des détails sur le fatal événement; enfin, jamais obsèques ne se célébrèrent avec autant de pompe, et en présence d'une multitude plus grande et plus émue.

L'Institut en corps voulut rendre les derniers honneurs à l'artiste qu'il n'eût point tardé à compter au nombre des siens. Parmi les voitures qui suivaient le convoi, on en distinguait une à la livrée royale; les journaux publièrent, tous sans exception, des notices nécrologiques sur Charles Deschamps, et provoquèrent une souscription pour élever un monument funèbre à celui que la France et l'art pleuraient.

Peu à peu, ce grand bruit s'apaisa et cessa; l'attention publique se tourna vers un procès célèbre qui surgit tout à coup et qui foisonnait en détails piquants, et l'on mit la même ardeur à suivre cette affaire scandaleuse qu'on en avait mis à déplorer la perte de l'artiste.

Si bien qu'à une année de là, en passant, sans se souvenir de celui qui l'avait habité, devant l'hôtel de Charles Deschamps, sur les murs duquel une grande affiche rouge annonçait la vente prochaine, par autorité de justice, d'un immeuble composé d'une maison avec atelier de peintre, entourée d'un parc d'un arc de terrain et planté d'arbres; mise à prix, trois cent mille francs.

Le lendemain du jour où cette vente s'accomplissait par-devant notaire, et où des entrepreneurs se disputaient à coups d'enchères à qui deviendrait acquéreur d'un terrain destiné à se transformer immédiatement en un quartier nouveau et de grand rapport, Marie se tenait assise avec sa nourrice sous un vieux chêne qu'une large coche teinte en rouge annonçait devoir bientôt être abattu par la cognée des nouveaux acquéreurs.

Vous eussiez reconnu difficilement dans l'enfant vêtue d'une robe noire la charmante petite Marie, que son père entourait naguère de tant de sollici-

tude et d'amour. Tandis que Jeanne travaillait acti-
vement à un grossier tricot de bas de laine, de dessus
lequel elle levait de temps à autre les yeux pour les
reporter sur Marie, celle-ci, plongée dans une sorte
de stupeur, entr'ouvrait à peine ses paupières, quand
parfois venaient à passer près d'elle les commission-
naires, qui achevaient d'enlever, avec leur brutalité
habituelle, le peu de meubles qui restaient encore
à l'hôtel, et qu'ils chargeaient sur une voiture de
déménagement pour les porter à l'hôtel des ventes.

Un large bandeau couvrait le front de l'enfant
amaigrie et sur les traits de laquelle on ne retrouvait
plus rien, hélas! de l'intelligence qui la caractérisait
autrefois. Par intervalles, elle soulevait sa tête hé-
bétée, poussait des sons inarticulés et se laissait
aller de nouveau sur le gazon pour retomber dans
un idiot affaissement.

En ce moment entra, en compagnie d'un vieillard, le docteur Lisfranc, le seul des amis de Charles
Deschamps qui n'eût point oublié le chemin de la
maison de l'artiste. Au son de la voix de celui qui
depuis un an lui donnait des soins assidus, un vague
sourire entr'ouvrit les lèvres appesanties de Marie,
qui parut reconnaître le médecin.

Celui-ci essuya une larme, et se tournant vers la
personne qui l'accompagnait :

« Voilà, Monsieur, tout ce qu'il reste du bonheur et de la gloire qui, l'année dernière, remplis-
saient cette maison : une orpheline idiote! J'ai bien
eu de la peine à la guérir de la blessure qui lui

avait brisé le crâne; je lui ai conservé la vie, mais je n'ai pu lui conserver la raison.

« Peut-être, après tout, vaut-il mieux pour elle qu'elle assiste sans le comprendre à la ruine et à la désolation qui l'entourent. Pauvre Deschamps! il croyait si fermement à la fortune qui lui promettait un avenir qui ne devait point se réaliser!... À peine le prix de son hôtel et de ses tableaux suffira-t-il à combler le passif qu'il laisse, comme disent les gens de loi... »

Le vieillard répondit:

« Oui, docteur, tout cela est bien triste! D'autant plus triste que je n'ai pu obtenir pour cette infortunée qu'une pension de six cents francs. L'État a tant d'infortunes artistiques à soulager, qu'il se trouve forcément réduit à une douloureuse parcimonie.

— Jeannin, me dit le docteur, interrompit brusquement l'esclaou, tu le vois, il ne reste plus à Marie que toi au monde.... à moins que tu ne veuilles qu'on l'enferme dans un hospice, où elle ne tardera pas à mourir. Au contraire, la vie libre, en plein air, pourra-t-elle peut-être un jour la rendre à la raison. Veux-tu, comme tu l'as fait jusqu'ici, continuer à te dévouer à elle? Veux-tu devenir tout à fait sa mère?

— Je ferai pour mon enfant ce que j'ai fait depuis le jour de sa naissance.

— Il faut donc que vous quittiez toutes les deux, aujourd'hui même, cette maison que dès demain...

les hommes de la bande noire commenceront à démolir. Retourne à ton village de Maine-et-Loire, et tâche d'y acheter une petite ferme au nom de Marie. Nous trouverons bien, n'est-ce pas, ajouta-t-il en se tournant vers celui qui l'accompagnait, nous trouverons bien dans notre bourse et dans celle de quelques amis les deux à trois mille francs que coûtera cette chaumière?

— Assurément, docteur, et vous pouvez compter sur moi.

— Là, ma bonne Jeanne, l'enfant et toi, vous pourrez, sans trop souffrir de la gêne, vivre avec la pension de six cents francs donnée par le roi. Je suis fils de paysan, et je sais combien il faut peu de chose pour vivre à l'aise au village. Laisse à notre pauvre Marie une liberté absolue, et mène-la tant que tu le pourras à travers les bois et les champs. Tu n'écris pas trop mal une lettre, quoique tes caractères soient gros; mais je ne les en lirai que mieux, car ma vue baisse; tu me donneras donc des nouvelles de Marie quand tu le croiras nécessaire. En attendant, voici de quoi payer tes frais de route. Au revoir, et que le bon Dieu bénisse ton dévouement! »

Il embrassa Jeanne sur les deux joues, souleva Marie de terre, la prit dans ses bras, la considéra quelques instants avec émotion et la baisa au front.

« Papa! papa! » bégaya l'enfant.

Lisfranc se hâta de l'asseoir sur les genoux de Jeanne, et s'éloigna précipitamment.

« Ah! mon ami, dit-il au vieillard en remontant en voiture, il y a de bien tristes quarts d'heure à passer dans la vie! »

Dès le soir même Jeanne, après avoir rassemblé les vêtements de Marie et les siens, les enferma dans une grande malle, prit l'enfant par la main et se dirigea avec elle vers les messageries qui conduisaient alors de Paris à Angers. Après avoir surveillé le chargement de ses bagages, elle prit possession de deux places dans la rotonde et fit asseoir à ses côtés l'idiote, qui se laissa faire avec l'indifférence passive qui la caractérisait.

La route fut longue et fatigante; tant que dura cette route, la pauvre créature ne fit pas entendre une seule plainte. Presque toujours assoupie, elle se tenait étroitement appuyée contre sa nourrice, se laissait descendre par elle, aux relais, pour prendre quelque nourriture, et se laissait reporter avec la même insouciance dans la voiture. Seulement il ne fallait pas que Jeanne s'éloignât, même pendant quelques secondes; car Marie poussait alors de sourds gémissements, et frappait avec désespoir sa tête contre les parois de la diligence.

Enfin, après deux jours de voyage, Jeanne et sa fille adoptive arrivèrent à Angers, et repartirent presque aussitôt pour un petit hameau, voisin de Saint-Florent-le-Vieil.

Saint-Florent-le-Vieil, qui se trouve à une soixantaine de kilomètres d'Angers, s'élève au bord de la rive droite de la Loire, sur une immense falaise

escarpée, de l'aspect le plus étrange et le plus pittoresque. Jeanne acheta dans les environs une petite
maison isolée, d'où l'on découvrait le cours majes-
tueux de la rivière, les îles verdoyantes qui la divisent en plusieurs bras, et les immenses prairies
qui s'étendent partout à perte de vue. A peine en

possession du jardin assez vaste qui entourait sa nouvelle demeure, elle se remit passionnément au travail de la culture, comme si elle n'eût point vécu
douze années à Paris, entourée de bien-être et de
loisirs. Dès le point du jour à l'œuvre, la bêche et
le râteau à la main, elle fouillait la terre, défrichait,
semait, plantait, sarclait, récoltait, ne tenant compte
ni de la fatigue ni des sueurs, sans négliger ses
aiguilles et son tricot, qu'elle reprenait le soir à la
veillée.

dans cette partie de la France pour les infortunés
privés de la raison.

A un an de là, la nourrice vit revenir vers le soir
Marie, partie, suivant son habitude, dès le matin.
Quoiqu'elle ne comptât guère que quinze à seize
ans, l'idiote, grande et robuste, semblait en annoncer dix-sept à dix-huit. Les reins ceints d'une jupe
courte en laine rouge, le buste enfermé dans un
casaquin de couleur brune, les pieds nus, ses longs
cheveux blonds épars sur ses épaules, elle respirait
la force et la santé. Dès qu'elle aperçut sa nourrice,
elle courut à elle, fit entendre une certaine inflexion
gutturale dont elle se servait pour exprimer sa satisfaction, et, soulevant avec précaution un coin
de son tablier de toile bise en lambeaux, elle montra un objet qu'elle y tenait soigneusement enveloppé.

C'était un nid de merles noirs, où se trouvaient
quatre petits nouveau-nés.

« Que veux-tu faire de ces pauvres oiseaux? demanda Jeanne; donne-leur à manger. Hélas! pauvre
enfant! je lui parle comme si elle pouvait me comprendre! »

A la grande surprise de sa nourrice, Marie montra des baies placées dans un coin noué de son tablier
et les présenta aux oiselets, qui ouvrirent aussitôt
leur bec en glapissant, et qui engloutirent la provende que l'enfant leur présentait.

Après qu'ils furent rassasiés, l'enfant, qui se
tenait accroupie devant le nid, se leva, alla récolter

dans le jardin, près d'un petit ruisseau qui le baignait, des branches d'osier, en forma une sorte de
panier à claire-voie et ouvert par le haut, comme
souvent elle l'avait vu faire à sa mère adoptive.

y déposa les oiseaux, et, plaçant ses deux mains
autour de sa bouche, elle se mit à imiter le cri que
poussaient tout à l'heure les petits merles quand ils
demandaient de la nourriture.

Elle entraîna ensuite Jeanne dans un coin du jardin derrière un buisson, et, posant son doigt sur ses lèvres, lui recommanda le silence.

Jeanne se sentit à la fois surprise, presque effrayée et surtout émue en voyant, pour la première fois depuis son départ de Paris, apparaître sur les traits de Marie une lueur d'intelligence. L'œil morne et terne de l'enfant se tenait fixé vers le ciel avec l'expression de l'attente; l'impatience soulevait sa poitrine, et sa main serrait la main de sa mère adoptive, qui la sentit trembler entre ses doigts.

Tout à coup l'étreinte de cette main devint encore plus étroite; un son inarticulé et sourd s'échappa des lèvres de la jeune fille, et elle leva vivement la tête vers le ciel.

Deux points noirs apparaissaient dans les airs au-dessus de la ferme. D'abord à peine visibles, peu à peu ces points se rapprochèrent, grossirent, devinrent visibles, et Marie et Jeanne purent distinguer deux merles. Après bien des hésitations et avec mille précautions craintives, les oiseaux finirent par raser de leurs ailes le panier qui contenait le nid dans lequel les oisillons, qui les avaient aperçus, s'agitaient et jetaient des cris aigus.

Enfin l'un des merles, la femelle, facile à reconnaître à sa taille moins grande et à ses formes élancées, s'enhardit la première, d'abord jusqu'à se pencher sur les bords de la corbeille, et ensuite jusqu'à descendre dans le nid. Les petits s'empressèrent de se blottir sous ses ailes, où l'on entendit peu à peu leurs cris devenir moins aigus, s'apaiser, s'amortir, et enfin se taire tout à fait.

Pendant ce temps, le mâle se tenant tout près de là sur une branche voisine on le voyait faire le guet, tourner à droite, à gauche, par devant, par derrière, de tous les côtés, sa tête noire et ses yeux intelligents. Deux ou trois fois, le choc d'un rameau, une feuille qui tombait, un bruit qui s'entendait au loin, lui firent donner le signal d'alarme. Alors la femelle s'élançant hors du nid, s'envolait avec son compagnon, ou bien se cachait au plus touffu d'un arbre

Peu à peu le silence la rassurait, et, tout à fait convaincue de l'absence de péril, elle venait reprendre sa place au milieu de sa nichée.

Marie ne pouvait se lasser de regarder cette scène; elle obligea Jeanne à rester là, cachée et immobile avec elle, pendant deux longues heures, et jusqu'à la tombée de la nuit. Quand elle cessa de voir les oiseaux, elle soupira, prit sa nourrice par la main,

et avec mille précautions, et en faisant toutes sortes de détours, elle la ramena au logis sans que les oiseaux pussent s'apercevoir de leur départ et en prendre peur. Rentrée à la ferme, elle se jeta dans les bras de Jeanne, et murmura le mot *maman*.

Jeanne rendit avec effusion ses caresses à celle qui lui en adressait pour la première fois depuis si longtemps, et tomba ensuite à genoux devant un crucifix suspendu à son chevet.

Quand elle eut fini sa prière mêlée de larmes et qu'elle se releva, elle vit Marie agenouillée près d'elle, et s'efforçant de joindre les mains comme elle le voyait faire à sa compagne.

Le lendemain, au point du jour, avant même que Jeanne s'éveillât, l'enfant sortit furtivement de sa couche, gagna le bois voisin et y fit une récolte abondante de baies et d'insectes.

De retour au jardin, elle se coucha dans les hautes herbes du pré et s'approcha du nid lentement et en rampant.

Elle y mit tant de précautions que les oiseaux ne virent rien, n'entendirent rien et ne firent même aucun mouvement d'inquiétude.

Alors elle déposa à quelque distance la provende qu'elle rapportait, et elle attendit, les yeux attachés sur la corbeille. Le soleil commençait à se lever, et jetant ses premiers rayons sur le jardin encore enveloppé d'une brume qui ne tarda point à se dissiper, sous l'influence de la chaleur tiède et vivifiante de l'astre.

Le mâle, éveillé le premier, sortit sa tête qu'il tenait cachée sous son aile, sembla humer autour de lui les bonnes émanations qui se répandaient dans les airs, secoua ses plumes, et du premier coup, sans hésiter, s'élança sur les baies et sur les insectes. À la vue de Marie, il reprit son vol avec effort, et s'éleva au plus haut dans les airs en jetant un cri de détresse. À ce cri, la femelle s'envola à son tour et alla rejoindre le mâle. Tous les deux tournoyèrent ainsi à tire-d'aile pendant quelques minutes, tantôt à perte de vue, tantôt rasant la terre. A la fin, rassurés par l'immobilité de Marie, dont le cœur pourtant battait bien fort, ils se hasardèrent à se poser à quelque distance du sol, et à picoter à coups de bec un ou deux insectes qui s'efforçaient de fuir et qui déjà se trouvaient assez loin de l'endroit où on les avait déposés. Ils portèrent ce butin à la nichée, qui reçut le commencement de son déjeuner avec des cris de joie.

Enhardis par ce premier succès, les oiseaux revinrent à la charge; cette fois, ils s'attaquèrent au tas principal, et, toujours de plus en plus rassurés, ils finirent par se livrer à leur pillage sans prendre de précautions et en toute sécurité. A peine restait-il sur le sable une ou deux pincées de graines; Marie profita d'un moment où les merles se trouvaient occupés dans la corbeille à donner la becquée à leurs petits, pour prendre rapidement ce peu de graines qu'elle étala dans une de ses mains ouverte.

A leur retour, les oiseaux, surpris de ne plus voir les graines à leur première place, s'enfuirent effrayés, et ne revinrent qu'avec mille précautions.

A la fin, la femelle se posa devant la main de l'enfant le plus loin qu'elle le put, mais en calculant néanmoins la distance à laquelle elle pouvait y atteindre du bout du bec.

Alors elle allongea son col lancé par un mouvement brusque, saisit une baie, prit la fuite, et regarda d'un buisson voisin ce qui allait avenir.

Rien ne bougea.

Elle recommença ce manège, et ne le cessa qu'après avoir enlevé jusqu'à la dernière bribe tout ce que contenaient les doigts de la jeune fille.

Marie se traîna à trente pas de là, se releva doucement, regagna la ferme, embrassa de nouveau sa mère, étendit l'index vers le nid, frappa l'une contre l'autre ses mains par un geste de joie, et remuant les lèvres avec effort, et tendant les cordes gonflées de son gosier, après deux ou trois tentatives pénibles, elle parvint à articuler le mot *oiseau*. Heureuse au delà de toute expression de ce succès, elle battit des mains de nouveau, toute joyeusement, et répéta vingt fois de suite : *Oiseau! oiseau! oiseau!*

Je n'ai pas besoin de vous dire que pendant toute la journée on laissa dans un isolement absolu les merles et leurs petits.

Jeanne prit soin de ne s'occuper de culture que dans une autre partie du jardin, et Marie retourna dans le bois, d'où elle ne revint que le soir, chargée d'un panier qu'elle rapportait plein de toutes sortes d'aliments destinés à ses pensionnaires.

A quelques jours de là, les oiseaux, non-seulement avaient élu domicile dans la corbeille, mais encore ils ne s'envolaient plus quand Jeanne et surtout Marie venaient à passer près d'eux; certains qu'on ne leur voulait pas de mal, comme il arrive en pareil cas à tous les animaux même les plus craintifs, ils témoignaient une confiance absolue.

Tout le temps que Marie ne consacrait pas dans les bois à récolter de la nourriture pour ses favoris, elle le passait, assise près de la corbeille, à considérer la petite famille qui s'y trouvait si heureuse.

Les merles ne tardèrent point, à sa vue, à témoigner de la joie et à picoter sans façon dans ses mains les aliments qu'elle leur servait trop lentement à leur gré. Bientôt même ils n'hésitèrent plus à grimper, à sautiller sur ses épaules, à becqueter ses cheveux et à se laisser caresser par elle. Parfois ils lui confiaient la garde du nid, et s'envolaient chasser au loin pendant des heures entières; ou bien s'ils restaient au logis, et que l'absence de Marie se prolongeât plus que d'habitude, ils allaient au-devant d'elle, lui adressaient du haut des airs, en l'apercevant, des saluts affectueux, et revenaient à la ferme, tantôt sautant de branche en branche, tantôt perchés sur son dos ou sur ses bras, tantôt sautillant à ses côtés sur le chemin.

Les petits, qui grossissaient, pour ainsi dire, à vue d'œil, tant ils se trouvaient bien nourris, partageaient cette affection de leurs parents pour la jeune fille. Ils mangeaient aussi volontiers de sa main que du bec maternel, grimpaient à leurs barreaux d'osier pour gagner les genoux de Marie, et la suivaient par tout le jardin et par toute la maison, au grand plaisir de l'enfant et à la satisfaction ineffable de Jeanne; car alors la jeune fille, heureuse, animée, gaie, répétait avec des intonations rauques sans doute encore, mais qui semblaient bien douces à

l'oreille de l'excellente femme : *Maman! oiseau! maman! oiseau!*

Deux mois après, les promenades de la famille ...ière et de son amie ne se bornaient plus au jardin et à la ferme; ils s'en allaient chaque jour ensemble à travers les bois, pendant des journées entières. Les merles ne se faisaient pas faute de s'envoler dans les airs, de percher sur les arbres, de picorer dans les sillons et de se livrer à toutes leurs fantaisies de vagabondage; mais dès que Marie poussait une sorte de sifflement aigu qui s'entendait de fort loin, on voyait les merles et leurs cinq petits, devenus, ma foi, de véritables oiseaux aussi gros que leurs parents, accourir à tire-d'aile et se disputer soit la sauterelle, soit la baie succulente ramassée par Marie pour eux. Le soir, l'enfant rentrait au logis avec son escorte complète, la plupart du temps volant et tourbillonnant au-dessus de sa tête, et jetant de petits cris, tandis qu'elle battait des mains et qu'elle criait de son plus loin, dès qu'elle apercevait Jeanne : *Maman! oiseau!*

Les habitants de Saint-Florent-le-Vieil n'avaient pas remarquer cette étrange amitié de la fille adoptive de Jeanne et de la bande des merles. À une époque où ne régnaient encore que trop les idées superstitieuses qui laissent même, aujourd'hui encore, bien des traces fâcheuses dans la vieille Vendée, quelqu'un prononça un jour le mot de sorcellerie pour expliquer un phénomène sans exemple jusque-là dans le pays. Le mot, comme il n'arrive que trop souvent aux choses absurdes, fit fortune et ne tarda pas à se trouver sur les lèvres de tous les gens de la contrée. Les enfants, entendant donner sans cesse l'épithète de sorcière à Marie dont ils avaient respecté jusque-là la faiblesse et la folie, en revinrent aux mauvais instincts de leur âge sans pitié, et commencèrent peu à peu à prendre en aversion l'idiote. Ils se la montraient de loin du doigt, en répétant le mot odieux de *sorcière* par lequel leurs parents, de leur côté, ne se faisaient point faute de désigner l'étrange créature, toujours errante par monts et par vaux, les cheveux épars, les vêtements en désordre, et qui ne savait prononcer que deux mots de la langue des chrétiens.

On passe bien vite de l'aversion à l'esprit d'hostilité, surtout à l'âge de sept à huit ans, quand on a affaire à un être privé de raison et qu'on croit sans moyen de défense. Les petits garçons du pays, et même certaines petites filles, ne manquaient point d'assaillir Marie de leurs huées dès qu'ils la rencontraient seule en quelque chemin solitaire.

Marie, habituée à la bienveillance que chacun lui témoignait jusque-là, regardait les enfants sans comprendre la nature de leurs charivaris malveillants, riait de son rire hébété à ceux qui hurlaient le nom de sorcière, et mêlait sa voix à leurs voix en criant à tue-tête : *Maman! oiseau! maman! oiseau!*

Un jour un des plus mauvais sujets de la bande, chétif, boiteux, difforme et souffre-douleur ordinaire de ses camarades, se trouva face à face avec Marie à

un détour de la falaise qui domine la Loire. Le pauvre
hère, habitué à voir abuser de la force des autres à
son égard, saisit cette occasion de devenir à son tour
le plus fort et le plus méchant.

Il épuisa d'abord contre la folle son répertoire d'injures, qu'elle accueillit, suivant son habitude, en
riant et en criant aussi haut que lui : *Vraoum l'oiseau !*
Enhardi par cette manière d'agir, il saisit Marie par

sa robe, dont il arracha un morceau. L'idiote rit autant que lui, en voyant le lambeau d'étoffe rester dans la main du hargneux polisson, qui répondit à ce rire par un grand coup de poing. Ce coup non-seulement fit jeter un cri de douleur à la pauvre petite, mais encore il la renversa sur le bord de la falaise, et la mit en danger de glisser sur la pente rapide jusque dans la Loire.

Il allait redoubler, quand tout à coup il se sentit frapper au visage par une bande d'assaillants invisibles qui semblaient tomber du ciel sur sa tête, dont les becs lui déchiraient la face, qui s'attaquaient surtout à ses yeux, et qui ne tardèrent point à lui mettre la face tout en sang et à le rendre à peu près aveugle. Éperdu, il prit la fuite ; mais ses ennemis le poursuivirent avec acharnement, et ne l'abandonnèrent que loin de là et en le laissant dans un état déplorable.

À quelque distance éloignée que les excursions de Marie l'entraînassent, elle rentrait toujours vers le soir au logis avec la ponctualité machinale que mettent dans leurs actions habituelles les pauvres êtres privés de la raison. Aussi la bonne femme ne s'inquiéta-t-elle pas de l'absence de son enfant jusqu'à l'heure où le crépuscule se mit à teindre de sa pourpre violacée les nuages du couchant. « Marie, se disait-elle, a trouvé dans les bois des mûres et des baies de genévrier, et elle en a mangé avec ses oiseaux ; comme elle ne ressentait pas la faim, elle est restée à courir et à grimper aux arbres en compagnie des

merles pour y chanter ensemble de branche en branche. Car elle imite tout ce qu'ils font, c'est à croire
qu'elle vole aussi bien qu'eux, sans compter qu'elle
chante comme eux à s'y méprendre. Je l'ai entendue
l'autre soir qui gazouillait à leur façon : on dirait pré-
sément qu'elle comprend leur langage. »

Tout en se parlant ainsi et en cherchant à comparer l'inquiétude qui commençait à la gagner, Jeanne
allait et venait dans son jardin ; elle regardait au plus
loin qu'elle pouvait voir et prêtait à chaque instant
l'oreille :

« Ah ! s'écria-t-elle tout à coup, voici Marie qui revient ! J'entends ses merles qui jettent des cris et qui
tournent dans les airs au-dessus de la ferme. Pourquoi donc, au lieu de s'abattre et de venir se nicher
dans leur corbeille, ainsi qu'ils le font chaque soir,
continuent-ils à voler et à crier sans s'arrêter ? Pourquoi rasent-ils de leurs ailes mon visage et s'en-
volent-ils du côté de la falaise pour revenir à moi et
recommencer à se diriger de nouveau vers la Loire ?
Jésus, mon Dieu ! serait-il arrivé un accident à Marie,
et voudraient-ils m'en prévenir ? »

Aussitôt, sans réfléchir davantage, sans même songer à chausser ses sabots, elle prit pieds nus le chemin de la falaise, vers laquelle les merles la précédèrent à tire-d'aile. Tout à coup ils s'abattirent sur
un rebord presque à pic, où Jeanne, qui suivait de
l'œil tous leurs mouvements, aperçut Marie éva-
nouie et la tête ensanglantée.

La nourrice éperdue prit l'enfant sur ses genoux

et chercha à la ranimer en réchauffant de son haleine le front glacé de la jeune fille, et en frictionnant de son gros jupon de laine ses mains roidies. A force de soins et d'efforts elle vit enfin la blessée rouvrir languissamment les yeux et regarder vaguement autour d'elle.

« Dieu soit béni! dit Jeanne, tout n'est pas perdu : cette chute ne l'a pas tuée du coup! »

En se parlant ainsi à elle-même, la robuste femme prit Marie dans ses bras « comme elle avait l'habitude de le faire autrefois à Paris, » songea-t-elle avec des larmes dans les yeux; la ramena au logis et la déposa sur son lit.

Tandis qu'elle lui ôtait ses vêtements et qu'elle cherchait à la ranimer tout à fait, les sept merles se tenaient perchés sur le rebord de la fenêtre et semblaient suivre de leur œil intelligent les moindres mouvements de Jeanne.

pels. Cette fois le bruit des roues cessa distinctement, et elle entendit, au milieu du silence absolu qui règne la nuit dans les lieux solitaires, des pas qui devenaient de plus en plus distincts et qui se dirigeaient vers la ferme. Elle courut au-devant de celui que la Providence envoyait si miraculeusement à son aide, le saisit par le bras et l'entraîna dans la chambre de Marie en disant :

« Venez, au nom du ciel! Mon enfant se meurt! »

Elle se mourait, en effet, gisant sur l'aire où elle était tombée en proie à des convulsions.

L'étranger était un homme d'une trentaine d'années; sa belle physionomie, naturellement sérieuse, prit une expression de sympathie et de tristesse en voyant les souffrances de la malade. Il la souleva doucement dans ses bras pour la replacer sur le lit, rajusta autour d'elle ses couvertures avec l'adresse et la sollicitude qu'eussent pu y mettre une femme ou un père, prit entre ses doigts le bras de l'enfant et en interrogea le pouls. Après quoi il se fit raconter par quel incident Marie se trouvait en cet état, examina la blessure et la pansa en se servant d'instruments qu'il tira d'une trousse de chirurgie.

« L'état de cette enfant est grave, dit-il enfin; car jusque-là il n'avait point prononcé un seul mot. Il faut que je passe la nuit près d'elle. Veuillez prévenir mon valet de chambre, qui m'attend sur la route; il laissera le cocher ramener seul la voiture à Saint-Florent-le-Vieil, et viendra m'apporter ma valise ici, où je l'attends. »

Jeanne s'empressa d'obéir à cet ordre, et ne tarda point à revenir avec le domestique.

L'étranger, après avoir donné quelques ordres à celui-ci, tira de la valise un petit coffret qui contenait des médicaments; et il prépara une potion qu'il fit boire par cuillerées, de quart d'heure en quart d'heure, à la malade, dont la fièvre parut se calmer peu à peu et qui finit par tomber dans un profond assoupissement.

« Voici enfin un bon symptôme! dit-il avec un sourire et en se tournant vers Jeanne. J'espère que demain matin la malade se réveillera sans fièvre et avec sa raison.

— Hélas! répondit Jeanne, elle ne saurait se réveiller avec sa raison! Elle est idiote depuis cinq ans. Dieu peut-être a montré de la miséricorde en agissant ainsi; car la perte de sa raison est un bienfait pour l'orpheline! »

Elle raconta au médecin, car c'en était bien un, le nom du père de Marie et sa mort fatale.

« Je savais déjà cette triste histoire, répondit-il. Ma mère, qui appartient par d'étroits liens de parenté à la mère de M. Deschamps, se trouvait depuis quinze ans au fond de l'Amérique du Nord, où elle luttait elle-même avec moi contre une mauvaise fortune, qu'elle est parvenue, grâce à Dieu, à compter. À notre rentrée en France, elle y a seulement appris du docteur Lafranc, notre ami, la mort de sa sœur et de Deschamps, et le funeste accident de Marie; elle m'a donné pour mission de venir m'assurer par mes yeux

s'il restait à la science des moyens de rendre la raison
à celle que le malheur a frappée si rudement, et à qui
vous prodiguez un dévouement maternel. J'arrivais
ici pour m'acquitter de ce devoir, quand tout à l'heure
le hasard m'a réuni d'une façon imprévue à elle et à
vous, ma chère Jeanne; vous voyez qu'on sait votre
nom aimé dans notre famille. J'ai bon espoir de guérir
de sa blessure ma cousine, et peut-être même, Dieu
aidant et à force de soins, de rendre la raison à celle
que, depuis sa naissance, vous entourez de tant de
tendresse. Il faut donc que je m'installe ici, chez vous,
pour tenter de mener à bonne fin cette double cure;
voyez, chère Jeanne, à me préparer une chambre dans
votre ferme. Le docteur en médecine qui naguère
occupait au Canada une cellule d'interne des hôpi-
taux, sait s'accommoder de tout, à plus forte raison
d'un logis tenu comme le vôtre avec une exquise propreté. Veuillez donc, dès le matin, aller à la ville faire
les emplettes nécessaires à mon emménagement. Jean,
mon vieux valet de chambre, se chargera de vous
guider dans vos acquisitions; il connaît sur le bout
de son doigt mes habitudes et mes besoins. Laissez-
le faire, et, quant à l'argent, ne vous en inquiétez
point; ma mère est riche maintenant, et ne prodigue que trop d'argent à son fils unique, qu'elle
adore. »

Lorsque Jeanne revint de la ville, en compagnie de
Jean et suivi d'une voiture chargée de meubles, elle
trouva Marie assise sur son chevet et qui la salua de
ses mots habituels : « Maman! oiseau! »

En même temps, un bruit de petits coups secs résonna sur les vitres de la fenêtre, que Jeanne s'empressa d'ouvrir. Aussitôt les sept merles, qui jusque-là s'étaient tenus prudemment à distance sur un arbre d'où leurs regards pouvaient apercevoir le lit de Marie, s'élancèrent dans la chambre, volèrent quelques instants avec défiance autour du jeune médecin, et, rassurés peu à peu, finirent par s'abattre sur le lit de l'enfant, à qui ils prodiguèrent les caresses les plus affectueuses.

Et comme Louis de Bracourt, c'était le nom du jeune homme, regardait avec surprise ce spectacle singulier :

« Monsieur, lui dit la nourrice, ces oiseaux sont ses meilleurs amis, après moi ; elle n'aime et ne connaît qu'eux au monde. »

Elle raconta ensuite comment cette amitié s'était faite, comment les merles lui avaient appris la veille que Marie se trouvait en danger, et comment ils l'avaient conduite sur la berge où gisait la blessée.

Louis écouta silencieusement ce récit.

Là, peut-être, se dit-il en lui-même, est pour elle le moyen de salut.

Et il resta longtemps pensif.

Quelques jours après, la malade, dont l'état s'améliorait de plus en plus, et dont la fièvre finit par céder aux prescriptions du nouvel ami qu'elle se trouvait posséder, entra en convalescence et put quitter sans danger sa chambre. Appuyée sur le bras de Louis et de Jeanne, elle vint s'asseoir dans le jardin, sous un grand arbre, où Jean avait installé un fauteuil confortable, trouvé par un hasard heureux chez un fripier de Florent-le-Vieil.

Tandis qu'elle respirait avec bonheur le grand air si tiède et si doux à une convalescente après une semaine de réclusion dans une chambre close, les merles volaient gaiement autour d'elle en jetant de petits cris de joie.

En les entendant, Marie se souleva, leur tendit les bras, et répondit à leurs cris par des cris semblables et si fidèlement imités, que l'oreille la plus attentive n'aurait su les distinguer du gazouillement des oiseaux.

Le médecin laissa tomber sa tête sur ses deux mains, et médita longtemps dans cette attitude.

Oui, se dit-il, oui, c'est bien là les véritables auxiliaires qu'il faut que je prenne pour tenter la guérison de cette enfant.

A commencer de ce moment, il ne négligea rien pour devenir lui-même l'ami des merles, et il faut dire qu'il n'eut point beaucoup de peine à prendre pour y arriver. Comme il ne quittait jamais d'un instant Marie, et qu'il l'accompagnait dans les promenades qu'elle ne tarda point à faire de nouveau au milieu des bois et à travers les champs, comme il se trouvait toujours approvisionné d'insectes et de baies de genévrier, les merles ne tardèrent point à lui montrer une familiarité presque égale à celle qu'ils montraient à Marie.

Une fois ces résultats obtenus, M. de Biocourt en profita pour siffler sans cesse, pendant ses promenades, de petits airs et même des mots que les merles, on le sait, doués d'un merveilleux instinct d'imitation ne tardèrent pas à répéter fidèlement. Ils en vinrent ainsi à posséder un répertoire assez varié dans lequel Marie les suivait pas à pas. C'était une chose vraiment étrange que de voir le jeune homme sans cesse par voie et par chemin, avec une enfant follement vêtue

et une bande d'oiseaux qui tournoyaient autour d'eux
en disant, de leur voix claire et stridente, des mots
qui semblaient tomber des nues et que l'enfant répétait comme un écho [1].

L'automne et l'hiver se passèrent sans amener dans
l'état mental de Marie un changement appréciable
comme développement sensible d'intelligence. Elle
avait, il est vrai, appris autant de mots que les merles
en savaient; mais elle les disait comme eux et avec
eux, en leur donnant la même intonation sifflée, sans
en comprendre la signification, et sans pouvoir les
appliquer à propos. Sa facilité à les retenir dans sa
mémoire était le résultat d'un instinct d'imitation,
rien de plus. M. de Bocourt n'obtint pas plus de succès quand il voulut diminuer le besoin de vagabondage de cette grande et belle créature, pour laquelle
il commençait à devenir dangereux de s'échapper sans
cesse pour courir seule dans la campagne et dans les
bois. Rien ne pouvait la retenir au logis, ni le froid,
ni la neige, ni les tempêtes qui faisaient gémir, en les

[1] En 1848, la cour de la caserne des célestins, rue du Petit-Musc,
à Paris, se trouvait plantée de grands arbres, dans lesquels nichaient
d'innombrables merles noirs. Ces oiseaux non-seulement sifflaient toutes
les fanfares des trompettes du régiment de cavalerie, mais encore ils
répétaient chacun des commandements faits par les officiers aux soldats;
il m'est arrivé plusieurs fois, avec mon ami le docteur Alexandre Thierry,
dont le quartier Saint-Antoine garde encore pieusement la mémoire,
d'entendre les merles dire les commandements fort à propos et avant
les officiers eux-mêmes. Non-seulement ils savaient prononcer ces
commandements, mais encore ils comprenaient incontestablement le
moment où il fallait les placer. Jamais un *par file à gauche*, ou un *en
avant*, n'arrivait mal à propos du haut des arbres.

secouant, la cime des arbres dépouillés de feuilles, ni
même le refus de Louis de l'accompagner. Elle se
sauvait furtivement, appelant ses merles à mi-voix ou
jetant un cri particulier, et partait avec eux en cachette. Il fallait donc que Louis la laissât sans protection, ou qu'il la suivît bon gré, mal gré. Rien ne parvint à le décourager et à ralentir son dévouement : il
se sentait soutenu par l'importance de sa mission, et
par l'espérance qu'un incident imprévu viendrait tout
à coup réveiller l'intelligence assoupie de Marie, ou
du moins indiquer quelle voie pourrait la ramener à
la raison.

Enfin le printemps arriva, et avec lui les matinées
tièdes et les feuilles naissantes.

A la surprise et au mécontentement de Marie, les
cinq jeunes merles commencèrent dès lors à faire
bande à part de leurs parents; ils s'envolaient seuls,
le matin, chacun à leur guise, pour ne plus reparaître
au logis que le soir. Le père et la mère, de leur côté,
se montraient sédentaires. Le mâle se tenait perché
sur la branche d'un orme, où il chantait ses plus beaux
airs et répétait tous les mots que lui avait appris Louis.
Pendant qu'il faisait ce coquet ménage en agitant sa
jolie tête, en gonflant et en lissant ses plumes, la
femelle, affairée, allait de çà et de là, ramassant de
petites bûchettes de bois pour construire en plein
d'un buisson un nid qui sans doute lui paraissait
mieux placé sous la feuillée que dans la corbeille où
l'année précédente elle était venue retrouver ses
petits. Il fallait la voir preste, alerte, adroite, saisir de

son bec jaune tantôt un brin de mousse, tantôt une longue paille, tantôt une petite branche souple, et ensuite les enlacer et les tresser avec l'habileté du vannier le plus expert. Encouragée par les chants et par le caquet de son époux, qui ne se taisait que pour s'abattre, soit sur le gazon, soit sur une plate-bande, afin d'y saisir un insecte qu'il apportait aussitôt à sa compagne, en moins d'une journée elle acheva de construire le charmant petit édifice, composé de racines et de toutes sortes de débris végétaux, et renforcé par une forte couche d'argile. Le lendemain, au point du jour, elle compléta son œuvre, et elle en matelassa l'intérieur de toutes les plumes qu'elle put ramasser, puis elle s'envola au loin avec le mâle.

Marie, assise près du nouveau nid, en suivit toute la construction avec une attention inquiète et presque fiévreuse. Lorsqu'elle vit les deux merles s'envoler, elle voulut suivre la direction qu'ils prenaient et gagner avec eux les bois; mais les oiseaux, dès qu'ils l'aperçurent, s'élevèrent à perte de vue dans les airs et se dirigèrent d'un autre côté, comme s'ils voulaient la fuir.

Marie, désappointée, resta donc seule avec Louis, qu'elle regarda d'un air triste.

Le jeune homme lui prit la main et essaya de l'emmener; mais elle le repoussa, et revint seule, sombre et silencieuse, s'accroupir devant le nid... Elle y attendit en vain les merles, qui ne reparurent pas de quelques jours.

M. de Bocourt profita de cette longue absence des

oiseaux pour rendre moins farouche la pauvre enfant désespérée de l'absence de ses compagnons favoris. Peu à peu il obtint d'elle qu'elle écoutât et qu'elle répétât les nouveaux mots qu'il essayait de lui apprendre. Elle finit même un jour par permettre à

Jeanne de peigner et de rattacher sa longue chevelure, qu'elle s'obstinait jusque-là à laisser flotter en désordre sur ses épaules. La nourrice profita de cet accès de bonne volonté pour substituer aux vêtements fanés de Marie un costume neuf et frais, et, sur l'ordre de Louis, elle présenta un miroir à la jeune fille. Celle-ci resta d'abord étonnée de l'image qu'elle y

voyait. Elle passa ses doigts sur la glace, regarda derrière, et parut préoccupée et inquiète. M. de Bocourt
se pencha sur son épaule, et montra dans le miroir
ses traits à côté des traits de Marie ; la surprise de
l'enfant s'en accrut. Il profita de cette émotion nouvelle qu'elle manifestait pour lui faire voir, se réfléchissant dans la glace, la ferme, les arbres, la campagne et tout ce qui l'entourait. Éblouie, elle passa
ses mains sur ses yeux ; puis tout à coup, ramassant
le miroir qu'elle venait de repousser, elle s'y regarda
de nouveau avec complaisance, et ne voulut plus s'en
séparer.

Dès lors, chaque fois qu'elle rejetait ses cheveux
en désordre, chaque fois qu'elle déchirait ses vêtements, son cousin lui montrait dans la glace l'aspect
déplaisant que causait ce retour à des habitudes sauvages. Aussitôt elle se hâtait de rajuster elle-même
ses cheveux et de disposer avec une sorte de goût sa
jupe de laine rouge, dont elle laissait complaisamment réparer les avaries par Jeanne.

Chaque matin elle se rendait, dès le point du jour,
près du nid construit avec tant de travail, de soin et
d'adresse, et cependant qui restait abandonné.

Un jour elle accourut, joyeuse, haletante, près de
sa nourrice et de Louis, qui feignirent de dormir ; car
ils connaissaient le motif de sa joie et de son émotion, et le docteur voulait en profiter pour faire faire
un pas de plus à l'intelligence de sa malade. Elle les
tira, elle les secoua ; ils restèrent immobiles et silencieux. A la fin ils ouvrirent les yeux, et elle leur

fit signe de le suivre, sans qu'ils répondissent à cette invitation. Elle frappa du pied. L'impatience colora sa face hâlée. Enfin elle passa ses mains sur son front, comme pour y faire éclore une idée, s'agenouilla devant M. de Bocourt, attacha sur lui ses grands yeux bleus, et, l'attirant de nouveau, elle lui dit

« Viens! »

C'était la première fois qu'elle semblât comprendre le sens d'un des mots qu'elle avait appris en commun avec des oiseaux.

Éperdu de joie, le docteur suivit Marie, qui l'entraîna vers le nid de « vieux mâles » et qui montra du doigt cinq œufs rougeâtres, tachés et brouillés confusément d'une teinte de rouille, sur lesquels se tenait la mère, tandis que le mâle, perché au-dessus, se balançait à une branche verte et sifflait toutes sortes d'airs. Pendant qu'elle considérait le nid, tout à coup elle se trouva entourée de cinq autres mâles gazouillant et se posant, suivant leur habitude, dans ses cheveux et sur ses épaules. Trois les tendres étaient non-seulement de retour, mais encore ils avaient amené avec eux d'autres mâles. Ceux-ci, rassurés en voyant avec quelle sécurité leurs compagnons s'ébattaient près de Louis et de Marie, s'approchèrent également, mais toutefois avec la réserve d'une demi-confiance. Ils s'avançaient, ils s'arrêtaient, ils regardaient, ils s'avançaient encore pour reculer de nouveau, hochant la queue et tournant deçà et delà la tête à chaque point d'arrêt. Marie leur jeta une poignée de graines, d'abord au loin, puis insensiblement de plus près en plus près d'elle, si bien qu'ils finirent par venir puiser la provende jusque dans sa main, encouragés d'ailleurs par ceux

qui les avaient introduits dans le jardin, qui se mêlaient à eux et qui leur prêchaient l'exemple.

« Charmants oiseaux! » murmura Louis.

Marie se tourna tout doucement vers M. de Bocourt

pour ne point effaroucher ses nouveaux amis, échangea avec lui un regard où se lisait une véritable lueur d'intelligence, et répéta, tout heureuse de comprendre elle-même les paroles qu'elle articulait : « Charmants oiseaux! »

Puis, après un effort visible de réflexion, elle ajouta, avec une expression de tendresse restée jusque-là étrangère à sa voix : « Louis! »

Telle était son émotion quand il se fit dans son intelligence cette éclaircie subite, qu'elle faillit y succomber et s'évanouir. L'heureux docteur la soutint dans ses bras, où elle ne tarda point à se ranimer.

En se sentant renaître, elle attacha sur son ami ses yeux encore chargés de langueur, et répéta avec une sorte d'enivrement, de façon à prouver qu'elle comprenait l'idée attachée à ces mots : « Charmants oiseaux! Louis! »

« Jeanne! Jeanne! » cria le docteur en proie à un trouble facile à comprendre.

Jeanne accourut, et perdit elle-même tout son sang-froid quand elle vit l'orpheline courir à elle, la serrer dans ses bras et lui dire en souriant : « Jeanne! maman! »

Au bonheur de Louis et de Jeanne ne tardèrent point à succéder de grosses inquiétudes. Une crise nerveuse d'une grande violence fit quelques instants après tomber Marie à leurs pieds, et il fallut porter la pauvre enfant dans son lit, où une fièvre violente s'empara d'elle, et où ils la veillèrent pendant une semaine, s'attendant à chaque instant à voir se conber celle à qui ils s'étaient dévoués, l'un en frère, l'autre en mère.

A la fin cependant le danger disparut, et il ne resta plus à la malade qu'une faiblesse extrême et une pâleur qui donnait à ses traits une expression tout à fait différente de celle qu'y avait imprimée si long-temps l'idiotisme. Elle voulait que la main de son cousin et de Jeanne fussent sans cesse tenues dans les siennes, et quand un soin impérieux les obligeait à s'éloigner pour quelques instants, des larmes ruisselaient sur ses joues amaigries, naguère brûlées par le soleil, et maintenant blanches et mates comme une fleur de camellia.

Malgré les devoirs de la paternité, les merles entraient à chaque instant par la fenêtre, sautillaient sur le lit de la convalescente, passaient leur bec d'or sur ses lèvres, et retournaient bien vite à leur nid pour revenir, tour à tour, quelques instants après.

Quand, à six semaines de là, Marie put descendre au jardin, elle s'y vit entourée d'une véritable troupe d'oiseaux dont la plupart savaient à peine voler, mais qui ne s'en montraient pas moins empressés à imiter leurs parents dans leur familière tendresse pour la jeune fille.

Marie joignit les mains et murmura d'une voix que rendait tremblante le bonheur : « Bons oiseaux! bon Louis! bonne Jeanne! »

Marie savait associer deux idées!

Dès lors, chaque jour, chaque heure amena un nouveau progrès dans son intelligence. Aussi frêle, aussi délicate, aussi douce qu'elle était naguère impétueuse, robuste et sauvage, elle éprouvait un sentiment invincible de volupté à percevoir les rayons qui pénétraient peu à peu son intelligence et y répandaient des clartés vivifiantes. Non-seulement elle commençait, à l'exemple des petits enfants, à bégayer des mots dont elle comprenait et dont elle appliquait avec justesse le sens, mais encore ses idées s'élargissaient et ses phrases, moins élémentaires, les exprimaient nettement. En parlant, elle tenait toujours ses regards sur Louis, et elle s'étudiait, par l'expression qu'ils y lisaient, à s'assurer qu'elle était comprise.

Ces progrès rapides effrayaient et charmaient à la fois M. de Bocourt, qui faisait d'inutiles efforts pour enrayer un développement d'intelligence, dangereux peut-être et obtenu aux dépens de la santé de la convalescente. Il résolut d'y couper court ou du moins de les atténuer, et un matin il annonça à Marie, qui savait maintenant comprendre, qu'il comptait faire une promenade dans la forêt.

« Marie seule ici? demanda-t-elle avec inquiétude.

— Non, Marie viendra avec moi.

— Marie malade! répondit-elle en montrant ses bras amaigris et en se soulevant péniblement sur son fauteuil pour s'y laisser retomber avec découragement.

— Marie s'appuiera sur le bras de son cousin. »

Elle le regarda avec une expression indicible, puis après un instant de silence, elle reprit :

— Marie aller partout avec son cousin

— Viens donc, lui dit-il en plaçant sur la tête de son élève un chapeau de paille, qu'elle repoussa de la main. »

Il sourit, lui présenta un miroir et lui dit :

« Maria est charmante avec son chapeau. »

Elle se regarda dans la glace, sourit elle-même, et, par un mouvement gracieux et instinctif de femme, elle ajusta le chapeau, se leva et dit :

« Louis, donne ton bras ; Marie va au bois. »

Quand ils virent les deux jeunes gens franchir le seuil du jardin, une partie des merles prirent leur essor et se mirent à voler joyeusement autour des deux promeneurs. Il ne resta dans leurs nids que deux mères, dont les petits étaient encore trop faibles pour les suivre.

En se retrouvant au milieu des bois, entourée de ses oiseaux, enivrée par les senteurs des arbres et par les cris joyeux des merles, Marie redevint, d'abord pendant quelques instants, l'enfant sauvage d'autrefois. Elle leva les yeux vers la nuée de merles qui tournoyait autour d'elle, elle poussa des cris avec eux, et elle rejeta sa robe pour s'élancer vers un arbre et y grimper. Mais, soit que les forces vinssent à lui manquer, soit que le regard de Louis, que le sien rencontra, éveillât le sentiment nouveau chez elle de la pudeur, elle s'arrêta, laissa retomber sur ses pieds les plis de sa jupe, et s'assit, ou plutôt s'affaissa au milieu des hautes herbes qui l'entouraient.

M. de Bocourt prit place à côté d'elle, et jeta sur ses genoux un bouquet de fleurs champêtres qu'il

avait cueillies en chemin. Elle n'y prit garde que
pour le repousser de sa main, car une épine d'églan-
tier l'avait égratignée au doigt. Elle regarda avec une
sorte d'effroi les gouttelettes de sang qui suintaient
de cette légère blessure, et tendit sa main à Louis
avec un sentiment de surprise, de douleur et de
peur.

Le jeune médecin regarda autour de lui et aperçut

une joubarbe qui s'étalait sur un tas de vieilles tuiles gar-
nissant là depuis des années, sa mignonne fleur roc-
geâtre et ses fleurs planes, charnues et raides, qui
lui donnent l'aspect d'une véritable plante grasse. Il
en cueillit une petite pousse, l'écrasa et en frotta
doucement l'égratignure de Marie. Celle-ci, qui le
regardait faire avec une espèce de sorte d'angoisse,
sentit aussitôt se calmer une sourde fraîcheur la douleur cuisante qu'elle éprouvait.

— Bonne! bonne! fit-elle.

« — Bonne plante, reprit Louis.

« — Bonne plante! plante! plante! » répéta-t-elle, tout heureuse d'acquérir et d'exprimer une nouvelle idée.

Louis ramassa le bouquet, en détacha la rose sauvage et l'approcha des narines de son élève, qui recula brusquement la tête avec terreur. Il insista pour qu'elle respirât le parfum de la fleur, et il ne tarda point à voir sa compagne se recueillir et fermer les yeux pour mieux savourer cette sensation nouvelle.

Alors il détacha une à une du bouquet chacune des plantes qui le composaient, et il initia Marie à leurs odeurs délicates et variées, en même temps qu'il lui en montrait les formes élégantes. Bientôt elle admira dans leurs détails infinis la *dent-de-lion*, parée d'une aigrette légère qui se détache et s'envole au moindre souffle; la *marguerite*, à dix fleurons blancs; le *silène*, dont la fleur affecte la forme d'un gobelet; l'*hépatique* bleuâtre; la *douce-amère*, aux feuilles larges, aux fleurs violettes et aux grappes de graines noires; le *trèfle-d'or*, avec ses mignardes houppes métalliques; la *vipérine* empourprée; le *millepertuis,* qui ressemble à un héliotrope rose; l'*aubépine* neigeuse; la *tulipe sauvage,* à pétales barbus à son sommet; la *cinéraire champêtre,* couverte d'un duvet cotonneux; la *vigne noire,* à fleurs verdâtres; et les *graminées,* aux épillets délicats, suspendus autour de la tige comme d'innombrables clochettes en miniature. A mesure qu'il les lui faisait passer sous les yeux, il lui en disait les noms, qu'elle répétait avec empressement et qui se gravaient aussitôt dans sa merveilleuse mémoire; elle reprenait une à une les plantes étalées sur ses genoux, elle en relisait les noms, quelquefois en hésitant, presque toujours sans commettre une erreur, et elle battait des mains en lisant dans les yeux de son cousin qu'elle ne se trompait point dans sa nomenclature.

Le soir, quand elle revint au logis, elle y rapporta soigneusement ses fleurs, courut à Jeanne pour les lui montrer, les désigna toutes par leur nom, et vit avec surprise sa nourrice qui plaçait dans un vase plein d'eau les herbes que la chaleur commençait à faner. Elle s'assit devant la table sur laquelle se trouvaient placées les plantes, et, tout en faisant avec un vif appétit un repas copieux, elle les regarda renaître peu à peu au contact du liquide bienfaisant. Enfin, vaincue par la fatigue et les émotions de la journée, elle finit par s'endormir, dans les bras de sa nourrice, d'un profond sommeil qui ne s'interrompit point quand on la déposa sur son lit, et qui ne cessa qu'avec le point du jour. Alors elle se leva gaiement, baigna seule, et d'elle-même, pour la première fois, son visage et ses bras dans l'eau de la fontaine qui arrosait le jardin, frappa dans ses mains et cria :

« Louis, viens te promener avec Marie. »

Le jeune médecin, ému jusqu'aux larmes, tomba à deux genoux devant le crucifix qui ornait sa chambre.

« Seigneur! Seigneur! soyez béni! cette enfant a recouvré la raison, dit-il avec effusion. Elle vient d'exprimer une idée complète et précise! Les moont cessé d'être pour elle des sons vagues et dépourvus de sens! Soyez béni! mon Dieu! soyez béni! Mon œuvre, grâce à votre miséricorde, touche à son but! »

En effet, les progrès de Marie marchèrent, à dater de ce jour, avec une rapidité qui charmait son instituteur, et qui lui causait à elle-même un bonheur qu'elle exprimait naïvement à chaque nouvelle conquête de son intelligence. En même temps les traces de sa longue maladie achevaient de s'effacer, et la jeune fille, qui commençait à lire couramment et à tracer des caractères d'écriture déjà lisibles, ne ressemblait plus en rien à la sauvage et idiote créature que Jeanne avait amenée six ans auparavant dans la solitude de Saint-Florent-le-Vieil. Sans son amour pour ses merles, dont le nombre s'augmentait de plus en plus par des couvées successives en compagnie desquelles elle se promenait chaque matin, et qui lui prodiguaient sans cesse les témoignages d'une affection confiante et souvent impérieuse, on eût reconnu difficilement la folle aux oiseaux dans la belle jeune fille portant avec la grâce et la coquetterie innée chez toutes les femmes le pittoresque costume vendéen.

Elle s'exprimait avec une finesse et une justesse d'expression qui charmaient tous ceux qui l'approchaient; et maintenant les petits paysans, au lieu de l'insulter comme autrefois, la saluaient respectueusement et se rangeaient pour laisser passer celle qu'ils appelaient « la demoiselle ». Jeanne, sans cesse en extase devant sa fille adoptive, s'écriait à chaque instant :

« Le bon Dieu m'a rendu ma vraie Marie d'autrefois. »

Vers l'automne, M. de Bocourt, qui depuis quelques
semaines faisait seul de fréquentes excursions, annonça qu'il se trouvait dans la nécessité de quitter,
pour quelque temps, la ferme et d'entreprendre un
voyage. En faisant part de ce projet à M^lle Deschamps,
il la vit pâlir et détourner la tête pour cacher ses
larmes.

« Je reviendrai bientôt ! dit-il.

— Bientôt ! dit-elle ; oui, bientôt, n'est-ce pas ? Il
me semble qu'en vous éloignant vous emportez avec
vous la vie et la raison que vous m'avez rendues.

— Un devoir m'oblige de vous quitter pour peu de
jours ; voulez-vous que je manque à ce devoir ?

— Non, dit-elle, je souffrirai, mais partez. Je de-
manderai la force et la résignation à Dieu, que vous
m'avez appris à connaître et à prier. »

M. de Bocourt se mit en route le lendemain. Marie
qui n'avait point dormi de la nuit, lorsqu'elle eut entendu s'éteindre au loin les derniers bruits de la voiture qui emmenait son cousin, vint s'asseoir sous
l'arbre où elle avait l'habitude de prendre ses leçons.
En voyant leur favorite, les merles s'abattirent autour
d'elle, mais ils chantèrent leurs airs les plus gais, et
répétèrent leurs chants les plus savants sans attirer
son attention. Tout à coup l'un d'eux prononça le
nom de Louis, que tous ses compagnons s'empressèrent de redire avec lui.

« Oh ! Louis ! Louis ! Louis ! dit elle quand l'un

verrai-je? quand le reverrez-vous? vous qui l'aimez comme moi! »

En ce moment on entendit une voiture qui traversait la route, et qui s'arrêta devant la porte de la ferme.

« Il revient! » s'écria Marie en courant à la voiture.

Ce n'était pas Louis, mais une vieille dame qui s'avança en souriant vers la jeune fille interdite et confuse.

« Ma chère enfant, lui dit-elle avec émotion, venez m'embrasser, je vous en prie; je suis la sœur de votre pauvre mère... et la mère du docteur Louis, ajouta-t-elle avec un nouveau sourire.

— Ah! quand reviendra-t-il? s'écria Marie, à qui son maître s'était bien gardé d'apprendre l'art de cacher et de réprimer sa pensée.

— Il ne reviendra point, mon enfant.

— Il ne reviendra point ! répéta douloureusement Marie. Il veut donc que je redevienne une pauvre fille privée de sa raison ! Il veut donc que je meure !

— Il ne reviendra point ; mais vous viendrez le retrouver avec moi.

— Quand ! Oh ! dites quand, je vous en supplie !

— A l'instant même ; car Louis nous attend à la maison de campagne qu'il a, depuis un an, achetée pour moi, à quatre ou cinq kilomètres de cette ferme.

— Partons ! partons bien vite !

— Soit ! mais je mets une condition à ce départ.

— Laquelle ? dites laquelle ? je l'accepte à l'avance.

— Il faut consentir à vivre près de moi.

— Près de la sœur de ma mère ! près de la mère de Louis ! Oh ! je serai la plus heureuse des créatures.

— Ce n'est pas tout ; il faut consentir encore à devenir la femme de mon fils Louis.

— Sa femme ? demanda Marie, devenir sa femme ? Je ne sais point ce que c'est ! N'importe ! j'accepte à l'avance. Mais quels sont les devoirs d'une femme envers...?

— Son mari.

— Son mari ? répéta la jeune fille.

— Ces devoirs consistent, reprit la vieille dame, à jurer à l'église, devant Dieu, d'aimer celui à qui désormais on unit sa destinée pour toujours...

— J'aime déjà Louis de toute mon âme.

— De lui obéir

— J'ai l'habitude d'obéir à Louis avec bonheur en toutes choses.

— Et de devenir la véritable fille de sa mère, que vous aimerez comme si vous étiez son propre enfant.

— Oh! je vous aime déjà presque autant que Louis!

— Je me garderai bien, chère petite, d'exiger que vous m'aimiez autant que lui. Aimez-moi seulement comme votre tante, comme votre mère, je n'en demande pas davantage. Venez, il ne vous reste plus qu'à m'accompagner chez moi. Allons rejoindre mon fils.

— Oui, allons le rejoindre, » s'écria Marie.

Déjà elle franchissait la porte du jardin, quand elle s'arrêta tout à coup.

« Ma mère, dit-elle, j'ai là une mère que je ne puis quitter. Sans elle votre fille serait morte abandonnée de tous!

— Je m'attendais si bien à cette demande, mon enfant, que Jeanne est déjà montée dans ma voiture, où elle nous attend.

— Allons! allons! partons! dit Marie en battant des mains.

— Vous ne regrettez plus rien ici, chère enfant?

— Si fait! je regrette les lieux où j'ai vécu près de lui, où il m'a rendu la vie et la raison, où vous êtes venue me donner une mère.

— Eh bien, vous reviendrez souvent avec votre mari visiter cette petite ferme, y revivre de vos souvenirs, et y retrouver vos oiseaux, chère petite fée; car Louis m'a conté votre affection pour eux; et leur tendresse pour vous.

— Mes oiseaux ne me quitteront point, répondit Marie.

— Je ne puis cependant donner une place dans ma voiture à ce nuage vivant et chantant qui vole au-dessus de nous. »

Marie leva la tête vers les merles, frappa dans ses mains, et montra aux oiseaux la voiture dans laquelle

elle alla prendre place à côté de sa tante et en face de sa nourrice. Les chevaux partirent. Aussitôt les oiseaux s'élancèrent dans les airs, et volèrent au-dessus de la berline jusqu'à ce qu'elle entrât et s'arrêtât dans le parc d'une charmante maison de campagne, sur le seuil de laquelle se trouvait Louis.

« Marie, Marie! s'écria-t-il en prenant dans ses bras sa fiancée, dont ses lèvres effleurèrent pour la première fois le front.

— Ma chère Marie, dit la mère de Louis en montrant les merles, les uns perchés sur les arbres du parc, les autres déjà fourrageant dans une abondante provende de baies à l'avance épanchées pour eux, êtes-vous contente de retrouver ici tout ce qui vous entourait là-bas : votre cousin, votre nourrice et vos oiseaux?

— Ah! répondit Marie en se jetant dans les bras de M^me de Bocourt... j'y retrouve encore un autre trésor que j'avais perdu depuis bien longtemps : une mère! »

# CHAPITRE X



Le corbeau est le plus grand de nos passereaux d'Europe. On l'y rencontre partout, sans que pourtant on puisse l'y dire fort commun. Il habite les forêts, les rochers et les ruines, et ne vient guère dans les plaines que pour y chercher sa nourriture, c'est-à-dire des insectes, des graines, des fruits, des viandes fraîches ou corrompues, et trop souvent de petits oiseaux qu'il vole dans le nid maternel pendant l'absence des parents.

Le véritable corbeau, le *corax* des ornithologistes, se reconnaît à son bec droit, court, comprimé, un peu renflé sur les côtés, convexe et recourbé vers sa pente, à ses narines cachées par des soies roides, à la quatrième rémige de ses ailes plus longue que les autres, à sa queue toujours égale et arrondie.

Le corbeau noir (*corax*) mesure soixante-cinq centimètres depuis le bout du bec jusqu'à l'extrémité de sa queue ; des reflets pourprés se jouent à la lumière sur son plumage d'un beau noir ; l'iris de son œil intelligent et malicieux se compose de deux cercles gris-blanc et cendré-brun, et ses robustes pattes semblent taillées dans de l'ébène.

Le corbeau se retrouve en Amérique et en Afrique, où ses mœurs ne diffèrent en rien des mœurs qu'on observe chez lui en Europe. Solitaire, sédentaire, il construit son nid dans les lieux les plus escarpés et les plus isolés qu'il peut rencontrer ; il pond, vers le mois de mars, trois œufs d'un vert sale, tacheté et rayé çà et là de brun ; ses petits éclosent vers la fin d'avril, naissent presque toujours blancs, et ne ressemblent en rien à leurs parents.

La femelle, débarrassée des soucis et des fatigues de l'incubation, en prend à son aise après la naissance de sa nichée, et laisse au mâle le soin de pourvoir à la nourriture des nouveau-nés jusqu'à ce que ceux-ci puissent se suffire à eux-mêmes. Dès qu'ils arrivent à savoir manger seuls et à voler, leurs parents, médiocrement tendres, on le voit, les chassent à grands coups de bec et d'aile, sans même leur permettre de s'installer dans le canton paternel; il faut qu'ils aillent au loin chercher aventure.

Je ne sais si les corbeaux doivent à leur livrée paternité ou à leur livrée sombre le mauvais renom qui s'attache à eux, mais on ne les en regarde pas moins, depuis la plus haute antiquité, comme des oiseaux de mauvais augure.

Il suffisait chez les Romains d'un combat aérien de corbeaux avec d'autres oiseaux, pour faire croire à une guerre prochaine et fatale, et aujourd'hui encore dans beaucoup de campagnes, on abat impitoyablement les nids de corbeaux, sous prétexte que leur voisinage porte malheur. En Bretagne, et dans certaines parties des départements méridionaux, on ne laisse point un corbeau se poser sur le toit des chaumières, et on les en chasse à coups de pierres, car s'il se montrait, c'est qu'ils *sentent la mort*.

Le corbeau, cependant, est un des oiseaux qui s'apprivoisent le plus vite et le mieux, et qui acceptent sans arrière-pensée la société des hommes. Ajoutez qu'il possède une merveilleuse facilité à apprendre à parler.

Les Romains faisaient grand cas des corbeaux parleurs, et les payaient de grands prix. Pline cite un corbeau qui, chaque matin, venait de lui-même sur la place publique saluer par son nom l'empereur régnant, et qui rendait successivement cet hommage bizarre à César, à Auguste et à Tibère. Parfois, à la grande joie de ceux qui encombraient le Forum, il répétait aux curieux que l'entourage lui quelques brides

des discours que venaient de prononcer les orateurs,

et un certain jour Cicéron dut s'interrompre en présence du corbeau qui s'acharnait à crier : *tace, nebulo*, apostrophe qu'un passant avait adressée à un gamin, et que le malencontreux corbeau jugeait à propos de crier de sa voix aigre et stridente au grand orateur, qui se laissa déconcerter par un interrupteur si peu prévu.

L'auteur de l'*Aviarium Silesiæ*, Schwenckfeld, mentionne un corbeau élevé par un paysan allemand, et qui allait de temps à autre se joindre aux oiseaux de son espèce pour faire des promenades aériennes. Un beau jour il disparut, et ne revint pas à la nuit tombante, ainsi qu'il en avait l'habitude. Deux années s'écoulèrent, et le fermier ne songeait plus à son corbeau, lorsqu'un jour, en traversant une forêt distante au moins de cent kilomètres de son logis, il entendit prononcer son nom dans les airs. Il leva la tête à cette interpellation singulière, et il vit tournoyer au-dessus de lui une nuée d'oiseaux noirs, du milieu de laquelle se détacha un corbeau qui se posa sur son épaule, lui prodigua toutes sortes de caresses, et qui dès lors ne voulut plus se séparer de lui.

Un autre corbeau appartenant à Valerius, et dont parle encore Pline, que je vous ai dit déjà tout à l'heure, non-seulement témoignait à son maître une extrême affection, mais encore il l'accompagnait à la guerre, et au besoin il le défendait vaillamment.

Un jour, à la veille d'une bataille, un Gaulois, d'une taille gigantesque et d'une force colossale, avait défié en combat singulier, et en présence des deux armées, les soldats romains campés derrière leurs retranchements.

Quoique de petite taille et peu robuste, Valerius, voyant ses compagnons hésiter devant ce redoutable ennemi, courut au-devant et l'attaqua. Le Gaulois, au lieu de se servir de son épée, prit Valerius dans ses larges mains, et se disposant à l'étouffer, quand tout à coup le corbeau dont il a beaucoup parlé venant se [illegible] à la tête du Gaulois, se cramponna dans ses cheveux, et de là le frappa au visage à coups de bec si violemment assénés, qu'il lui creva presque instantanément les deux yeux. Valerius, vainqueur grâce à cet auxiliaire imprévu, reçut de ses compagnons, garda et transmit à ses descendants le nom de *Corvinus*.

Le corbeau, comme la pie, ramasse, vole et emporte dans son nid, ou cache avec soin dans quelque endroit secret une foule d'objets dont il ne sait que faire et qu'il oublie bientôt. Toutes les légendes du moyen âge sont pleines de récits de larcins commis par des pies ou par des corbeaux, et dont on accusait de pauvres gens qui finirent néanmoins par échapper à la hart, grâce à la découverte faite à temps des objets volés. D'autres fois, comme dans la populaire histoire de la servante de Palaiseau, on surprend la pie en flagrant délit au moment où l'on mène la victime au gibet, et quelqu'un accourt en criant grâce et en dénonçant le véritable voleur.

Je parlais tout à l'heure de la bravoure du corbeau; voici une histoire qui me revient à la mémoire, et je pense qu'elle n'arrivera pas ici mal à propos pour réhabiliter un peu cet oiseau de la mauvaise renommée de voleur que je viens de lui faire.

Dans les bois du château des Étangs, propriété que possède, en Brie, la princesse Bacciocchi, un aigle royal apparut tout à coup, et, après avoir plané quelque temps au dessus des plus grands arbres, s'abattit sur l'un d'eux et y établit son domicile.

Pourquoi cet aigle était-il venu là? Comment avait-il quitté les montagnes pour la plaine? On n'en sait rien. Je ne le répète que trop souvent à mes lecteurs : la vie, comme la science, ne se compose que de points d'interrogation sans réponse.

Quoi qu'il en soit, l'aigle, une fois installé, se mit à faire la chasse aux lièvres, aux lapins et aux perdreaux; il ne dédaigna même pas, une ou deux fois, de croquer des corbeaux.

Le lendemain, l'oiseau royal se vit assailli par une troupe d'environ cinq cents corbeaux, qui venaient lui demander compte du sang de leurs frères.

L'aigle, à coups de bec et d'aile, dispersa les audacieux, et dîna de deux ou trois blessés restés sur le champ de bataille.

Cette échauffourée se passait à trois heures de l'après-midi. A six heures, une nouvelle troupe de corbeaux, une armée cette fois, cinq à six mille combattants, pour le moins, revinrent à la charge.

L'aigle résista héroïquement ; il reçut bien des coups de bec ; mais il les rendit à profusion. De telle sorte que, pour employer l'expression d'un témoin oculaire, il pleuvait littéralement des plumes et du sang.

La nuit seule put mettre trève à la bataille. Les corbeaux, après le soleil couché, s'éparpillèrent çà et là ; le plus grand nombre se réfugièrent dans les ruines du château qu'habita jadis Charles VI avec Odette de Champdivers, et où, soit dit en passant, furent inventées, dit-on, les cartes à jouer.

Le lendemain, au lever du soleil, l'armée noire, augmentée de nouvelles troupes recrutées pendant la nuit par des agents et des affidés, revint au combat ; elle se divisait en cinq corps disposés en forme d'éventail, et qui tombèrent à la fois sur leur ennemi ; le ciel se trouvait en quelque sorte obscurci par des nuages vivants.

Dieu sait quelle eût été l'issue de ce combat contre des milliers d'ennemis, lorsqu'un garde, attiré sur le théâtre de la guerre par les croassements d'environ dix mille corbeaux, tira l'aigle et l'abattit.

Le noble oiseau tomba du haut des airs sur le gazon

aux pieds de son meurtrier ; la présence de ce dernier ne put empêcher les corbeaux de tournoyer autour du cadavre du héros assassiné. Après quoi ils se dispersèrent dans les airs, et l'on n'en vit plus et l'on n'en entendit plus un seul.

Le garde, après s'être bien assuré que l'aigle était complètement mort, car il redoutait la force de son bec et les ongles aigus et puissants de ses serres, l'emporta et le mesura comme il eût fait d'une vulgaire pièce d'étoffe, et avec une vieille aune encore ! Sa victime avait sept pieds et demi d'envergure, style de Brie.

La *pie-grièche* écorcheur se rapproche beaucoup du corbeau par ses mœurs, et ne se montre pas moins intelligente que lui ; mais son caractère à l'état sauvage est d'une cruauté qu'on ne saurait s'expliquer.

La pie-grièche écorcheur ne manque jamais, quand la faim ne la presse point trop énergiquement, d'enfiler aux épines des buissons les gros insectes qu'elle capture, et même les petits oiseaux nouveau-nés qu'elle vole vivants dans le nid maternel. Placée sur quelque branche voisine, elle se complaît à regarder ses victimes se débattre convulsivement dans les angoisses de l'agonie, et à écouter les cris désespérés qu'elles jettent. Parfois des heures s'écoulent avant qu'elle se décide à leur donner le coup de grâce. Souvent même, après avoir joui de leurs tortures, elle s'éloigne sans y toucher, et les abandonne à une mort lente et douloureuse.

Comme pour le corbeau, la domesticité adoucit ou

plutôt transforme complétement les mœurs de la pie-
grièche. Cet oiseau s'y montre doux et affectueux
pour son maître ; d'une intelligence rare, il apprend
en peu de temps à prononcer des mots et même des
phrases entières, qu'il dit souvent à propos, et dont
il semblerait qu'il comprend le sens. L'historien Tur-
nus raconte que le roi François Ier possédait une pie-

grièche de cette espèce. Il la menait avec lui à la
chasse, et il la portait sur le poing comme les faucons, avec lesquels elle rivalisait d'adresse et d'au-
dace. Ne reculant point même devant un héron, elle
volait à cet oiseau, dix fois plus grand qu'elle, tournoyait autour de lui, et finissait par s'abattre sur sa
tête et par lui crever les yeux en deux coups de bec.
La victoire remportée, elle revenait se percher sur

le poing royal, baisait de son bec sanglant les lèvres
de son maître, et
lui disait claire-
ment et allègre-
ment : « Nous
avons fait bonne
chasse, Sire! »

La pie-grièche
écorcheur diffère
des autres oiseaux
de son espèce par
un plumage d'un
gris bleuâtre, mé-
langé de marron,
de blanc et de
teintes roses. Une
bande noire s'é-
tend de son bec
jusqu'aux oreilles
en traversant
l'œil. Nomade, elle
voyage en famille,
arrive en France
vers le prin-
temps, et repart
aux approches de
l'automne, pour
se rendre soit en
Afrique, soit

même dans l'Amérique méridionale.

La *Revue zoologique* a donné sur la corneille les curieux détails qu'on va lire et qui ont été observés par M. Vian.

« Le 5 mars 1865, je me promenais dans une petite vallée voisine de Meulan, plantée en partie de vieux peupliers, sur lesquels des compagnies de corneilles nichent depuis plusieurs années. Elles ne paraissaient pas encore travailler à leurs nids.

« Sur un des peupliers sept de ces oiseaux se tenaient réunis autour d'un vieux nid, et faisaient retentir l'air de leurs croassements. De temps à autre une corneille arrivait seule, se posait sur le nid, une autre venait l'y rejoindre; quelques secondes après, les deux oiseaux se laissaient tomber jusqu'à trois ou quatre mètres au-dessous du nid et s'envolaient ensemble vers les plateaux.

« Les survenants n'étaient pas toujours agréés, et j'en ai vu jusqu'à trois devant la même femelle s'en aller comme ils étaient venus. Cette scène s'est renouvelée vingt fois pendant une heure, sans que jamais le nid ait porté plus de deux oiseaux en même temps. J'ai cru un instant la cérémonie terminée; après le premier quart d'heure, toute la troupe avait disparu. Mais quelques minutes après sept corneilles prenaient place autour du nid, et la scène recommençait; elle durait encore lorsque je suis parti.

« Quelques heures après, voyant sur les plateaux qui dominent cette vallée un nombre considérable de corneilles, j'interrogeai un paysan. Il me répondit : « C'est le grand jour des corbeaux; aujourd'hui tous

« ceux du pays et peut-être même de France se réu-
« nissent chez nous; c'est comme cela tous les ans à
« la même époque. » Malheureusement ses observations s'arrêtaient là.

« J'ai cru, je l'avoue, assister aux cérémonies du
mariage des jeunes corneilles de l'année précédente;
rien n'y manquait; j'ai vu sept témoins, la présenta-
tion des futurs, le choix du mari, le mariage et le
voyage des époux. »

## CHAPITRE XI



Je suis allé l'autre jour rendre visite à un de mes amis qui occupe dans la magistrature une grande position. A mon extrême surprise, j'ai trouvé perché sur son fauteuil un hibou, qui ne témoigna ni étonnement ni peur en me voyant entrer.

« D'où vous vient donc cet oiseau? demandai-je à mon ami.

— C'est tout un roman, et je vais vous le conter, me répondit le magistrat; mais auparavant laissez-moi vous montrer l'intelligence de mon compagnon emplumé.

« — Strix, ordonna-t-il au hibou, va saluer Monsieur! »

Strix ouvrit ses ailes, prit son vol et vint se placer sur mon épaule. Là, il frotta amicalement sa tête contre mon visage et retourna près de son maître.

« Où donc est ma plume? demanda celui-ci; je l'ai laissée tomber, je crois. »

Strix, en un coup d'ailes, sauta à terre, et de son bec court, crochu, aux larges narines et aux mandibules mobiles, ramassa la plume et la rapporta à son maître.

« Maintenant que vous avez fait connaissance avec Strix, et que vous pouvez vous rendre compte de son intelligence, continua le magistrat, je vais vous raconter son histoire.

« Il existe chez les habitants de la campagne une habitude cruelle et qui atteste autant l'ignorance que l'ingratitude. Je veux parler de l'odieuse coutume de clouer vivants, sur une porte, les chouettes et les hiboux que le hasard fait tomber dans les mains des paysans. Non-seulement ceux-ci commettent une mauvaise action en soumettant à de longues tortures, aussi affreuses qu'inutiles, ces pauvres oiseaux, mais encore ils se privent d'un auxiliaire qui débarrasse les champs et les jardins des insectes nuisibles et des rongeurs qui causent tant de dégâts.

« Il y a cinq ou six mois, dans une excursion aux environs de Paris, je trouvai un de ces pauvres oiseaux, un hibou commun ou moyen, crucifié au-dessus de la porte d'une ferme et qui ne pouvait tarder à mourir; car il était là, depuis deux jours, sans nourriture et chacune des ailes percée d'un gros clou.

« Je voulus le détacher de son gibet; mais aussitôt le propriétaire de la maison vint m'en empêcher.

« — Eh quoi! Monsieur, me dit-il, vous voulez nous empêcher de tuer un oiseau pareil et de le punir par des souffrances trop méritées du mal qu'il fait?

« — Mais quel mal vous a-t-il fait?

« — L'avant-dernière nuit, il est venu se percher sur le toit de notre maison, où il n'a cessé de pousser des cris lugubres et effrayants. Ma femme, mes enfants et moi, il faut bien le dire, nous mourions de peur. Enfin, comme on dit, j'ai pris mon courage à deux mains. Armé de mon fusil chargé à plomb, je suis descendu dans le jardin et j'ai tiré, *au juger*, sur le vilain oiseau, que j'ai entendu bientôt tomber presque à mes pieds. Alors j'ai appelé mes enfants; ils sont venus avec de la lumière, et j'ai vu le hibou couché sur le dos et cherchant encore, la méchante bête, à se défendre avec ses griffes et son bec. J'ai jeté un sac dessus; je l'y ai enfermé jusqu'au matin, et ensuite, avec de grandes précautions, qui ne m'ont point empêché de recevoir trois ou quatre énormes égratignures sur la main, je l'ai cloué où vous le voyez, et où il souffre ce qu'il mérite. »

« Je me sentais sur les lèvres une foule de réflexions morales et agricoles, pour démontrer péremptoire-

ment à mon interlocuteur combien il avait eu tort
d'en agir de cette façon, et surtout de me débiter ses
billevesées; mais comprenant l'inutilité de mon ser-
mon, je recourus à une argumentation plus certaine,
et je tirai ma bourse de ma poche.

« — Combien voulez-vous me vendre ce butor?
demandai-je.

« — Eh! qu'en voulez-vous faire? me demanda le
paysan ahuri par une proposition aussi absurde.

« — Peu vous importe! répondis-je en souriant.
Voyons! à quel prix mettez-vous cet oiseau?

« — Ma foi! Monsieur, prenez-le pour rien, puisqu'il vous fait envie? »

« Pour couper court à ce débat, j'appelai un des
enfants du fermier qui jouait dans le jardin, et je
lui mis dans la main une pièce de monnaie. Elle fit
briller de joie ses yeux; mais le père se hâta de la lui
reprendre.

« — Donne-moi cela! dit-il au pauvre petit garçon, qui le regardait avec un mélange de crainte et de désappointement. Donne-moi cela... Ce sera pour l'acheter de bonnes choses à la ville, quand j'irai, » ajouta-t-il un peu confus en se tournant vers moi, non sans quelque honte, mais en plaçant néanmoins la pièce d'argent au plus profond de son gilet.

» L'enfant pleurait, et je n'ai jamais pu voir pleurer un enfant sans chercher à le consoler. Or, comme il ne s'agissait, pour arrêter les larmes de celui-ci, que de puiser de nouveau à ma bourse, j'en tirai un second franc, que cette fois le petit garçon saisit, serra convulsivement dans sa main, en même temps que, pour s'en assurer la possession, il s'enfuyait à tire de jambes.

» — Voyons; maintenant le hibou est bien à moi, n'est-ce pas? Veuillez donc, je vous prie, me prêter une échelle et des tenailles. »

» Le paysan, dont la physionomie devenait de plus en plus goguenarde, n'en fit pas moins ce que je lui demandais, et je me mis à l'œuvre pour délivrer le hibou, qui, ne comprenant pas mes intentions charitables, me déchira la main d'un coup de ses ongles. A la vue de ma blessure, le paysan partit d'un éclat de rire, qui ne m'empêcha point d'arracher les clous et de délivrer le pauvre oiseau, que j'enveloppai dans mon mouchoir. Après quoi, je mis des gants assez épais pour me préserver d'une nouvelle égratignure; je déposai l'oiseau sur le gazon, et je lui versai dans le bec quelques gouttes d'eau qui parurent le ranimer.

Il sembla dès lors comprendre mes bonnes intentions à son égard ; car il me laissa désormais, sans résistance, lui donner les soins nécessaires.

« Je commençai donc par laver les plaies, où déjà les mouches avaient déposé leurs larves, et par entourer d'une bande faite aux dépens de mon mouchoir son aile droite, que le coup de fusil de la nuit précédente avait brisée. A l'aide d'un peu de collodion puisé dans un flacon que j'emporte toujours dans mes excursions champêtres, je pansai les autres blessures du hibou et par dessus le marché l'écorchure de mon doigt.

« Le hibou, de son œil ensanglanté par la scène trainée et par la fièvre, me regardait avec autant de surprise que le paysan, tandis que, résolu à ne point borner là mon rôle de bon Samaritain, je secouais un arbre d'où il tomba une pluie de hannetons. J'en présentai quelques-uns à l'oiseau, qui les croqua avidement.

« — Eh' qu'allez-vous faire de cette bête? me demanda le paysan en voyant le hibou se ranimer.

« — Mais le rendre à la liberté.

« — Il n'en aura pas pour longtemps! répliqua-t-il en hochant la tête. Blessé comme le voilà, il ne pourra pas s'envoler, et je ne donne pas dix minutes à mes gamins pour le poursuivre, pour l'atteindre et pour l'assommer à coups de pierres.

« — Eh bien! je l'emporterai à Paris! répliquai-je tout en me demandant en moi-même ce que je ferais d'un hibou dans mon appartement.

« — A votre aise, ajouta le paysan qui se moquait évidemment de moi. Tenez, voici un panier qui vous servira de cage pour transporter votre oiseau. Je ne vous le vendrai pas cher. »

« Cela voulait dire qu'il comptait me le faire payer un prix exorbitant, que je lui donnai tout en riant en moi-même de ce que je faisais.

« Le hibou se laissa mettre sans résistance dans le panier, et je repris le chemin de fer avec ma singulière acquisition.

« Quand je me trouvai revenu à Paris et de retour chez moi, je me demandai de nouveau ce que j'allais faire de mon hibou, et je me mis à le regarder avec une attention que, durant les premières heures de ma bonne œuvre un peu fiévreuse, je n'avais point songé à lui donner.

« C'était une femelle, jeune encore, de *hibou commun* ou *moyen-duc* (Strix otus). Des teintes blanches, roussès et brunes caractérisaient le plumage de sa tête et de son manteau; son ventre était nuancé de brun; le roux dominait sur sa poitrine et sur sa queue dont les plumes se trouvaient recouvertes de neuf bandes plus foncées. Pendant cet examen, l'oiseau sortit de lui-même du panier, gagna péniblement le dossier de mon fauteuil de bureau, s'y installa commodément et carrément, se mit à lisser ses plumes en désordre et me regarda fixement de ses yeux, dont la prunelle se dilatait dans l'obscurité que le soir commençait à introduire chez moi. J'allai à lui et je lui passai doucement les doigts sur le dos; il reçut

cette caresse avec une satisfaction évidente, et me
la rendit en frottant doucement sa tête sur le revers
de ma main.

« Dès lors un pacte d'amitié fut conclu entre nous
et Strix, car je lui laissai son nom ornithologique, devint désormais pour moi un compagnon aussi tendre
que fidèle.

« Comme le chat, il se montrait d'une exquise propreté, et ne manquait jamais, dès que le matin j'ou-
vrais ma fenêtre, d'aller au dehors se purifier de toute
impureté dans quelque cours affecté par lui à ce soin
hygiénique. Après cela, il entrait dans mon cabinet
de toilette, y barbotait, avec une satisfaction évidente, dans une cuvette pleine d'eau, et apportait à
sa toilette les recherches les plus minutieuses. Il
procédait ensuite à son déjeuner, qui consistait soit
en insectes apportés de la campagne par mon jardinier, soit en languettes de lard de mouton. Dès qu'il
se sentait repu, il venait reprendre sa place habituelle sur le dossier de mon fauteuil. De ce poste, il
suivait mes moindres mouvements, et semblait prêter la plus grande attention à ce que j'écrivais. Si je
venais à me lever, il sautait sur mon épaule, et me
suivait dans la pièce où j'avais affaire. Me fallait-il
sortir, je le caressais affectueusement en lui disant
« Au revoir, mon Strix. » Et Strix, enfonçant mélan-
coliquement sa tête entre ses ailes, ne tardait point à
s'endormir.

« Quand je revenais au logis, il entendait et recon-
naissait mon pas dans l'escalier, poussait un cri aigu

pour me donner de loin la bienvenue, battait des
ailes, et, dès que j'entrais dans mon cabinet, me
prodiguait les témoignages de joie et d'amitié qu'un
chien prodigue en pareille occurrence.

« Quoique son aile, autrefois brisée, ne lui permit
pas de voler longtemps, Strix, surtout pendant les
belles soirées de printemps, se perchait sur mon
balcon et même parfois se permettait des excursions
aériennes jusqu'aux toits des maisons voisines. Je
ne me préoccupais pas de ces absences; seulement
je laissais ma fenêtre ouverte pour que le hibou pût
rentrer quand bon lui semblerait.

« Or, peu à peu, les absences se renouvelèrent
plus fréquemment, et, une nuit, Strix ne revint pas
au logis. J'avoue que j'éprouvai une véritable inquiétude, et que je crus à quelque accident survenu au
pauvre oiseau. Le lendemain, au point du jour, j'entendis qu'on assénait des coups de bec sur mes vitres,
et je me hâtai d'ouvrir au vagabond, que je reçus en
véritable enfant prodigue, c'est-à-dire en le comblant
de caresses.

« A dater de ce jour, je remarquai chez mon hibou,
qui, je vous l'ai dit, était une femelle, je ne sais quelle
étrange préoccupation. Inquiet et fiévreux, il allait et
venait dans mon cabinet, ne dormait plus une partie
de la journée suivant son habitude, et je le surpris un
soir brisant à coups de bec les branches d'osier dont
se composait ma corbeille à papier. Strix finit par
emporter hors du logis, morceau à morceau, la corbeille entière; puis il recommença ses excursions

nocturnes prolongées jusqu'au lendemain, et il finit
par ne plus rentrer qu'à de courts intervalles, le soir,
pour prendre précipitamment sa nourriture et disparaître de nouveau.

« Cette manière d'agir m'intrigua tant, que je résolus d'en découvrir les motifs et que je me mis
à espionner Strix dans toutes ses démarches. Après
deux à trois jours de surveillance, je finis par m'assurer qu'il se réfugiait, au sortir de chez moi, dans
un jardin dont les grands arbres entourent trop vieux
et solitaire faubourg Saint Germain. J'obtins sans
difficulté du dr ***, mon ami, à qui appartenaient ces
jardins, l'autorisation de continuer mes observations
chez lui. Et je ne tardai pas, un matin, au point du
jour, à surprendre Strix qui se dirigeait vers une tou-
relle en ruines, datant du XVIe siècle, et qui, après
avoir autrefois sans doute servi d'escalier à un bâtiment qui n'existait plus, se trouvait réduite aujour-
d'hui au rôle humiliant d'un long et à peu près inutile
et délaissé. Je grimpai de mon mieux mal possible, à
travers les marches brisées de cette tour, jusqu'à son
sommet. Et je vis dans un coin Strix qui donnait, avec
la viande qu'il avait prise chez moi, la pâtée à quatre
petits oisillons couverts de duvet, et qui ouvraient,
de toute leur largeur démesurée, de grands becs
jaunes et insatiables. Le fugitif ne s'effaroucha pas
en me voyant arriver près de sa niche d'une tour
si peu prévue. Il continua paisiblement, et sans se
déranger, sa distribution à sa progéniture. Ce soin
rempli, il leva doucement la tête, et attacha sur moi

ses grands yeux d'or pleins d'une indicible expression de tendresse.

« Je racontai au duc *** le spectacle singulier que
je venais de voir, et lui exprimai mon intention de
venir chaque matin ou chaque soir rendre visite à la
jeune mère. Dès lors j'apportai régulièrement à celle-
ci les mets dont je la savais friande. Les petits, non-
seulement s'habituèrent insensiblement à ma présence, mais encore ils finirent par reconnaître de
loin le bruit de mes pas et par saluer de leurs cris
mon arrivée qui leur annonçait une bonne provende.
Le mâle lui-même, qui se tenait d'abord dans une
défiante réserve à mon égard, rassuré sur mes intentions, acquiesça au pacte d'amitié qui m'unissait à sa
famille, et chaque matin nous fraternisions tous les
sept avec une familiarité de laquelle, j'en fais sincè-
rement l'aveu, je ne me sentais pas médiocrement
touché.

« A six semaines environ de là, le duc de *** partit
pour la campagne avec toute sa maison, et je dus renoncer, non sans regret, à mes visites quotidiennes
à mes amis emplumés.

« Un soir, je les trouvais tous les six installés dans
mon cabinet.

« J'avoue que si je fus sensible à ce témoignage
d'affection et de confiance, je m'en sentis toutefois
singulièrement embarrassé. Cependant, comme on
n'a pas tous les jours des hiboux à héberger, je tins
à honneur de remplir dignement les devoirs d'une
hospitalité si peu vulgaire, et je servis à mes hôtes,

de mes mains, la viande, découpée en lanières, d'une
pièce de bœuf, que ma cuisinière comptait faire rôtir
le lendemain pour mon déjeuner.

« Mes six convives ne laissèrent pas une bribe de
ce repas. Après quoi le mâle et ses quatre enfants
firent claquer leur bec en signe incontestable de salut
et d'adieu, et s'envolèrent tous les cinq, laissant chez
moi Strix, qui dès lors y reprit ses habitudes comme
si jamais il ne les eût quittées.

« Ce que je vous raconte là, mon cher ami, n'a eu
pour témoins, non-seulement le duc de ***, mais encore toutes les personnes de sa maison, sans compter
ma propre famille et mes amis.

« Je terminerai le récit des aventures de Strix par
une petite mésaventure dont il a failli devenir victime
la semaine dernière. J'étais allé passer deux ou trois
jours à la campagne, et j'avais recommandé à mon
domestique, qui s'entend fort bien avec mon hibou,
à veiller à ce que celui-ci ne manquât de rien, qu'on
lui ouvrît la fenêtre le matin et le soir, et qu'on ne
la refermât après le retour de l'oiseau.

« Le jour de mon retour, quand j'arrivai vers midi
et que je rentrai chez moi, j'entendis au dehors un
bruit de cris discordants qui se faisaient entendre
dans ma cour. J'ouvris les rideaux de ma fenêtre, et
je vis sur le rebord du balcon Strix, assailli par une
centaine de moineaux acharnés contre lui. Ils l'attaquaient à grands coups, et lui arrachaient les plumes
sans que leur victime cherchât même à leur riposter
et à se défendre. Ma présence mit en fuite la petite

armée, et je pris dans mes mains le hibou sanglant et tout éperdu, et qui ne retrouva son sang-froid qu'une bonne heure après.

« Mon domestique avait oublié d'ouvrir le matin ma fenêtre, et Strix, obligé de rester dehors, n'avait point tardé à être vu des moineaux, qui se hâtèrent de se venger sur lui de la mort de quelques-uns d'entre eux croqués par l'oiseau de proie. Ils se savaient sûrs de l'impunité; car, le jour, la lumière du soleil rend à peu près aveugles les hiboux; or le soleil frappait alors en plein sur la fenêtre où Strix se tenait, et le mettait dans l'impossibilité absolue de se défendre contre des ennemis qu'il ne voyait pas. »

En effet, la pupille énorme des oiseaux crépusculaires donne entrée à la fois à une grande quantité de rayons solaires, et empêche leur rétine de supporter la lumière quand le crépuscule ne la tempère pas.

En revanche, ces oiseaux possèdent une délicatesse d'ouïe qui leur fait entendre distinctement les bruits les plus faibles et les plus éloignés, et leur odorat ne jouit pas d'une finesse d'une portée moindre; aussi les naturalistes leur donnent-ils le nom de *strix otus*, hibou-oreille.

Les hiboux ont le bec court comme les chats-huants et les nyctales; mais ils en diffèrent par leur disque facial complet, leurs ailes aiguës, et leur tête surmontée de deux aigrettes mobiles plus ou moins distinctes; leur conque auditive consiste en un demi-cercle et se trouve munie d'un opercule membraneux.

Le hibou commun, *otus communis*, de Lesson; *strix otus*, de Linné, nommé vulgairement *moyen-duc*, appartient à une espèce répandue dans toute l'Europe, et très-commune en France, où il vit sédentaire. Ses aigrettes, composées de six plumes, et longues comme la moitié de la tête, surmontent ses yeux; son plumage est fauve, avec des taches longitudinales brunes sur le dos et en dessous. Des lignes brunes ornent ses ailes et son dos, sa queue compte huit ou neuf bandes brunes. Sa taille mesure treize pouces environ.

Ces oiseaux habitent ordinairement les cavernes, les bâtiments en ruines, le creux des vieux arbres et les forêts montueuses; ils jettent pendant la nuit un cri plaintif, ou plutôt une sorte de gémissement grave et prolongé.

Les oiseleurs se servent des hiboux pour attirer à la pipée les autres oiseaux, et l'obligent à jeter son cri en plein jour. Alors tous les oiseaux du voisinage accourent pour se jeter sur un ennemi qu'ils croient en détresse, et se prennent dans les filets disposés autour de l'oiseau nocturne.

Le hibou ne construit de nid que très-rarement; il pond souvent dans les nids abandonnés d'écureuil, de buse, de pie ou de corbeau, quatre ou cinq oeufs oblongs et très-blancs, dont le grand axe mesure quinze lignes, et le petit axe douze lignes. Il se nourrit de menus oiseaux, et surtout de mulots et de campagnols; lorsque ces rongeurs lui font défaut, il pénètre jusque dans les granges pour y chasser des souris et des rats, et retourne au gîte de grand matin.

Le moyen-duc, contrairement à la plupart des rapaces, se montre disposé à la sociabilité. On le voit souvent former de petites bandes de sept ou huit individus, associés pour braconner en commun, et qu'on a beau effaroucher et disperser, sans les empêcher de se réunir de nouveau.

Le hibou à aigrettes courtes (*otus brachyotos*, de Cuvier; *strix ulula*, de Gmelin, vulgairement chevêche) ressemble au hibou commun par la taille et par le plumage. Son dos n'offre pas de lignes en réseau; mais son ventre est marqué de lignes longitudinales étroites, ses aigrettes, très-petites, occupent le milieu de son front, et se composent de deux ou trois plumes relevées carrément.

Cet oiseau habite le nord, et il se répand dans toute l'Europe; il est de passage régulier en France. Un grand esprit de sociabilité le caractérise encore plus que l'espèce précédente. Il séjourne presque constamment à terre, où il guette les petits rongeurs, dont il fait sa principale nourriture. C'est aussi à terre qu'il construit son nid.

On trouve l'effraie commune, *strix flammea*, de Linné, vulgairement nommée *frésaie*, répandue sur les diverses parties du globe, et fort communément en France, où elle vit sédentaire. Longue d'environ quatorze pouces, les parties supérieures de son plumage se teintent d'un roux jaune mêlé de gris et de brun, et pointillé de noir et de blanc; les parties inférieures de ce même plumage sont blanches ou jaunes, parsemées de petites taches brunâtres ou

noirâtres. La face est blanche ou grise, et tout le
tour des yeux, d'un brun plus ou moins roussâtre ;
la queue, légèrement barrée de brun. L'iris brun-
noir de ses yeux lui donne un caractère tout particulier. Dans le midi de la France, les gens de la campagne la désignent sous le nom de *badou-l'holi*,
parce qu'ils croient que cette chouette vient pendant
la nuit boire l'huile qui brûle dans les lampes des
églises ; elle reçoit encore le nom vulgaire de *chouette
de clochers*, et son nom d'effraie lui vient sans doute
de l'effroi qu'elle inspire, dit Buffon, par ses souffle-
ments *che, chei, cheu, chahou*; ses cris âcres et sin-
guliers, *grei, gro, croi*, et la voix entrecoupée qu'elle
fait souvent retentir dans le silence de la nuit. Pour
ainsi dire, domestique, elle habite au milieu des villes
les mieux peuplées ; les tours, les clochers, les toits
des églises et des autres bâtiments élevés lui servent
de retraite pendant le jour, et elle en sort à l'heure
du crépuscule. Son soufflement, qu'elle réitère sans
cesse, ressemble à celui d'un homme qui dort la
bouche ouverte, elle pousse aussi, en volant et en
se reposant, différents sons aigres, tous si désa-
gréables, que cela, joint à l'idée du voisinage des
cimetières et des églises, et encore à l'obscurité de
la nuit, inspire de l'horreur et de la crainte aux enfants, aux femmes et même aux hommes qui croient
aux revenants, aux sorciers, aux augures. Tous regardent l'effraie comme un oiseau funèbre et comme
un messager de mort ; ils croient que quand il se
fixe sur une maison et qu'il y fait retentir une voix

différente de ses cris ordinaires, c'est pour appeler quelqu'un au cimetière. Cette mauvaise réputation, faite à l'effraie par la superstition populaire, devrait être remplacée par un sentiment de gratitude et de bienveillance; car, de tous les rapaces nocturnes, il est le plus utile à l'homme, et fait une guerre de destruction aux mulots, aux rats et aux rongeurs nuisibles à l'agriculture.

L'effraie pond trois ou quatre œufs un peu allongés et d'un blanc pur.

Ces oiseaux sont véritablement des faucons de nuit. En observant attentivement les deux espèces dont je vous parle, on constate une grande ressemblance dans la forme de leur bec et de leurs serres. Seulement l'œil du hibou se montre plus dilaté, comme celui de tous les animaux destinés à chercher leur nourriture à la faible lumière du crépuscule.

Comme nous l'avons déjà dit, les oiseaux nocturnes possèdent un développement extraordinaire de l'ouïe et de la vue. Leur vol silencieux leur permet, en outre, de saisir furtivement la proie qu'ils guettent durant les heures silencieuses de la nuit, où le moindre bruit donnerait l'éveil aux animaux menacés.

« Durant leurs visites en Angleterre, dit sir Franklin, au milieu des bruyères vagues, recouvertes çà et là de grandes herbes, quelquefois un couple de hiboux, quelquefois même toute une famille, après avoir établi son domicile en un lieu qui lui plaît, vient à son tour occuper le même gîte, et alors on peut les observer à l'aise. »

Ils portent à leur famille un attachement extrême.

On raconte que de jeunes hiboux, assez privés déjà pour recevoir leur nourriture de la main de leur maître, devinrent tout à coup farouches. Après avoir bien cherché, on finit par reconnaître que la cage où on les avait renfermés avait été suspendue pendant la nuit en dehors de la fenêtre et que les parents des captifs étaient venus les nourrir au crépuscule.

Un autre exemple de la même sollicitude maternelle confirme cette supposition.

Un gentilhomme suédois résidant dans une ferme, près de cette ferme s'élevait une montagne, sur le sommet de laquelle nichaient deux grands hiboux. Un jour du mois de juillet, un des jeunes quitta le nid et fut pris par des domestiques. Cet oiseau était déjà recouvert de plumes; mais le duvet de sa première enfance se montrait encore çà et là entre ses plumes, qui n'avaient point atteint toute leur grandeur.

On enferma le prisonnier pris jeune tenant dans une vaste cage à poulets. Le lendemain matin, à la grande surprise des gens de la ferme, on trouva une belle perdrix morte gisant devant la porte de la cage. On en conclut tout de suite que cette perdrix avait été apportée par les parents de l'oiseau, qui avaient sans doute chassé durant la nuit au profit de leur enfant perdu.

On ne se trompait pas; car, de nuit en nuit, pendant quinze jours, les pourvoyeurs mystérieux renouvelèrent le même approvisionnement et continuèrent à déposer près de la cage des pièces de gibier, et surtout des perdrix nouvellement tuées. Parfois ils ne reculaient même pas devant la difficulté de transporter, pour régaler leur petit prisonnier, des oiseaux plus gros qu'eux, tels que des coqs de bruyère, et même des morceaux d'agneau.

Le gentilhomme suédois et ses domestiques se tinrent pendant plusieurs nuits en observation à une fenêtre, afin de voir quand et comment ces provisions étaient apportées. Ils ne purent jamais y parvenir : les hiboux, grâce à la vue pénétrante qui les caractérise, saisissaient les rares moments où se trouvait en défaut la surveillance de ceux qui les épiaient, pour approvisionner le petit à qui ils témoignaient tant de sollicitude.

Au mois d'août, ils cessèrent de s'acquitter de ce soin quotidien et disparurent. Le mois d'août est, en effet, l'époque de l'année à laquelle les parents abandonnent leur progéniture à elle-même, la chassent du nid et l'obligent à chercher des gîtes éloignés de la demeure paternelle.

On peut conjecturer par cet exemple quelle quantité de gibier détruisent les grandes espèces de hiboux, sans compter que beaucoup se nourrissent de poissons et ravagent les étangs.

Il existe une belle espèce de hibou, connue sous le nom de *hibou des neiges* (*strix nyctea*).

Cet oiseau blanc peut, sans trop de désavantage, par sa taille et par sa noble apparence, se comparer à l'aigle doré ; aussi le surnomme-t-on *le roi des hiboux*.

Il vient rarement en France, et limite ses excursions aux contrées les plus désertes et les plus désolées du Nord, où il vit solitaire parmi les neiges éternelles.

Le plumage de cet oiseau adulte est d'un blanc neigeux et éblouissant, tacheté de quelques points sur la tête.

Durant les trois mois d'été, dans ces régions inhospitalières, la température de l'air ne s'élève guère au-dessus du degré de congélation de l'eau; et, pendant tout le reste de l'année, elle descend beaucoup au-dessous. Aussi la nature

revêt-elle le hibou des neiges d'une masse de duvet et de plumes qui forme plus des deux tiers du corps de cet oiseau. À l'exception de la pointe de son bec et des extrémités de ses serres noires, aucune partie de son individu ne reste exposée aux injures de l'atmosphère; enfin sa couleur blanche le rend presque invisible, dans une contrée où tout est blanc, et les animaux dont il fait sa proie ne sauraient l'apercevoir et prendre la fuite, lorsqu'il plane silencieusement sur les déserts de neige.

Comme on le pense bien, les habitudes du *hibou des neiges* sont très-peu connues.

Deux de ces oiseaux, le mâle et la femelle, furent pourtant tués dans le Northumberland pendant le rigoureux hiver de 1823. Peu de jours avant qu'on les abattît d'un coup de feu, on les avait aperçus dans les rochers qui se dressaient au-dessus des marécages solitaires. Tantôt perchés sur la neige, tantôt immobiles sur une grande pierre isolée, ils guettaient et saisissaient leur proie sans qu'aucun contraste de couleur les dénonçât à l'œil de leurs victimes. Ils chassaient les lièvres et les lapins avec la même méthode qu'emploient les petites espèces de hiboux pour chasser aux souris, c'est-à-dire qu'ils fondaient sur eux et qu'ils les avalaient, quand ils le pouvaient, tout entiers.

Un de ces hiboux, ayant été blessé d'un coup de fusil dans l'île de Balta, dégorgea un jeune lapin ; un autre, au moment où on le prit, contenait dans son estomac un oiseau avec toutes ses plumes.

Sir Edward Parry, qui passa plusieurs mois dans la patrie du hibou des neiges, trouva souvent plusieurs de ces oiseaux morts, et il en conclut qu'ils étaient morts de faim.

L'avidité que les hiboux des neiges mettent à disputer au chasseur son butin ou à emporter, lui présent, les rebuts de la chasse, vient en outre à l'appui

de cette opinion, que ces oiseaux souffrent quelquefois cruellement de la faim.

D'autres voyageurs, qui ont parcouru les régions
du Nord, assurent également que les hiboux montent
la garde sur quelque grand arbre ou sur quelque
rocher à pic, et qu'au moment où l'on tire le gibier,
ils fondent sur lui avec une rapidité extrême, et s'en
emparent avant que le chasseur ait eu le temps d'en
prendre possession.

Le hibou commun a des habitudes différentes:
il rôde autour des habitations de l'homme, il fréquente nos granges et nos hangars. À l'approche du
crépuscule, il s'élance de l'endroit où il perche, et
bat les champs, les plaines, les bois avec les scrupu-
leuse exactitude d'un chien d'arrêt. On le voit fondre
de temps en temps, d'un vol rapide et avec une rare
sûreté de coup d'œil, sur sa proie qu'il saisit et qu'il
dévore en même temps. Il ne prend même point la
peine de la déchirer avec ses griffes.

Une fois rassasié, il songe aux jours de disette et
il emporte dans son nid les petits animaux dont il
vient de s'emparer.

La chose n'est pourtant pas aussi facile qu'elle le
paraît.

Faut qu'il tient soit un mulot, soit un oiseau dans
ses serres, il ne peut évidemment pas se servir de
ses pattes pour se poser, avant de s'abattre tout à
fait, il lui faut donc se percher sur la partie la plus
saillante d'un toit, et, là, faire passer son fardeau de
ses ongles dans son bec. Cette opération est fort

délicate, et permet à la proie de s'échapper, si elle est encore vivante.

Il est une autre espèce de hibou qui diffère beaucoup de notre hibou commun dans ses habitudes et dans sa manière de se nicher; car elle se creuse de véritables terriers. On la nomme *strix cunicularia*.

Très-répandue sur le continent américain, soit au

nord, soit au midi, elle doit son nom à sa manière de se loger.

Tandis que les autres oiseaux de cette famille recherchent les endroits retirés dans les bois, les forêts, les édifices en ruines, lui, au contraire, il hante des plaines ouvertes, et vit en compagnie avec certains animaux. Au lieu de chasser la nuit ou le matin, et de se retirer ensuite dans son gîte, il aime la lumière du soleil de midi, vole rapidement en plein jour, et regagne seulement à la nuit sa demeure souterraine, véritable terrier semblable à celui de la marmotte des prairies.

Il se tient habituellement dans le voisinage de ces terriers, s'envole à quelque petite distance si on l'effarouche, et, une fois rassuré, revient occuper son poste. Dans le cas d'alerte sérieuse, il se réfugie au fond de son trou, d'où il est très-difficile de le déloger.

Le capitaine sir Francis Head traversait les immenses plaines de l'Amérique du Sud, appelées les pampas, lorsqu'il tomba au milieu d'une bande de ces oiseaux, qui vivaient en compagnie avec des bis-cachos, espèce de rongeur voisin du chinchilla.

« Vers le soir, dit-il, les biscachos se tiennent hors de leurs terriers, avec un sérieux digne des philosophes ou des moralistes les plus graves et les plus réfléchis.

« Pendant la journée, les trous de leurs gîtes souterrains sont gardés par deux hiboux, qui ne quittent jamais leur poste. Tandis que leurs amis galopent dans la plaine, ils continuent leur faction, regardent en plein visage les voyageurs, et hochent, l'un après l'autre, leurs têtes vénérables d'une manière presque ridicule à force d'être solennelle. Toutefois, lorsque des cavaliers passent trop près des deux sentinelles, celles-ci perdent beaucoup de leur dignité, et se précipitent dans les trous des biscachos.

## CHAPITRE XII



Ce matin, je suis allé rendre visite à un capitaine
de la marine marchande, arrivé depuis peu de jours,
des îles Moluques, à Paris, pour s'y reposer près de
sa famille d'une navigation qui n'a pas duré moins de
trois ans.

En entrant dans son salon, et tandis que je lui
serrais la main, j'entendis un merle qui sifflait avec
une grande perfection l'air de la reine Hortense :
*Partant pour la Syrie*. Mes yeux cherchèrent le
chanteur dont la voix stridente émettait des sons

d'une justesse si remarquable; mais au lieu d'un merle, j'aperçus, dans une de ces cages élégantes que l'art parisien sait si bien fabriquer aujourd'hui, le plus magnifique oiseau que jamais j'avais vu vivant. De la taille d'à peu près une pie, des plumes d'un jaune resplendissant et à reflets chatoyants et vifs comme les reflets de l'or bruni ornaient le dessus de sa tête, et venaient se fondre harmonieusement avec les tons d'émeraude qui entouraient son bec mignon; enfin, de chaque côté de ses flancs sortaient de longs faisceaux de plumes légères et ondoyantes qui prenaient naissance sous chacune des ailes.

Perché sur ses petites pattes noires, il penchait coquettement sa jolie tête pour dire l'air qu'il chantait si bien, et son grand œil jaune prit une expression d'orgueil quand il m'entendit jeter à sa vue une exclamation de surprise et d'admiration

« Eh quoi! demandai-je au capitaine, est-ce donc bien là un oiseau de paradis émeraude, un véritable *paradisea apoda*, comme disent les ornithologistes?

— Vous voyez, mon cher ami, qu'il ne justifie guère cette épithète d'*apoda*, de *sans pattes*, que lui donnent les classificateurs. »

Tandis que le capitaine me parlait, je ne pouvais me lasser de regarder ce bel oiseau, le second qui jamais fût venu vivant en Europe. — Le Jardin zoologique de Londres en a possédé trois en 1862. — Familier comme les merles européens, à la famille desquels il semble appartenir, il jouait gaiement, à travers les grilles de sa cage, avec le doigt de son maître qui le taquinait.

« Allons, lui dit le capitaine, allons, Coco, montre-toi de plus près. »

Et, ouvrant la porte de sa cage, il tendit à l'oiseau sa main, sur laquelle il vint se percher. Puis il combla son maître de caresses, étala son beau plumage, à peu près comme le paon ouvre sa queue, et se prit à siffler un autre air empreint de je ne sais quelle grâce naïve et étrange.

« Coco vous chante un air des naturels de la Nouvelle-Guinée, ses compatriotes, reprit le capitaine. Je ne vous cacherai pas qu'il prodigue pour vous toutes ses grâces et toutes ses gentillesses. Hâtez-vous d'en profiter ; car j'entends les enfants qui viennent, et désormais le bel oiseau ne s'occupera plus que d'eux, attendu qu'il les aime passionné-ment, quoiqu'il les connaisse à peine depuis quelques jours. »

En effet, deux charmantes petites jumelles, de six à sept ans, entrèrent bruyamment dans le salon. Aussitôt Coco s'élança de l'épaule de son maître, courut aux enfants, becqueta leurs cheveux, et se mit à prélever gaiement sa part des gâteaux qu'ils tenaient à la main.

« Vous avez dû éprouver de grandes difficultés pour ramener vivant, en Europe, cet oiseau précieux ? demandai-je au capitaine.

— Ma foi non, répondit-il ; je me le suis procuré

difficilement, et je crois que, sans le hasard, je n'eusse pu conquérir un paradisier vivant ; mais une fois en ma possession, je l'ai pu élever aussi facilement que je l'eusse fait d'un simple merle. Un soir que je me promenais dans une forêt de la Nouvelle-Guinée, le vent s'éleva tout à coup avec violence, et un paradisier, jeune encore, faisant partie d'une troupe de dix ou douze oiseaux de son espèce, ne put lutter contre cette bourrasque ; ses longues plumes bouleversées l'empêchaient de voler, et il tomba à mes pieds en poussant un cri de détresse.

« Bien lui en prit de ne point choir un peu plus loin avec ses compagnons ; car des chasseurs indigènes, sachant que la tempête ne manquerait pas d'abattre un grand nombre de paradisiers, se tenaient au guet, se jetèrent sur les autres, et, tandis que j'emportais celui-ci chez moi, se mirent aussitôt à torturer les pauvres oiseaux, dont je crois encore entendre les plaintes désespérées.

« Figurez-vous que, sans les tuer au préalable, on leur arracha les entrailles, et qu'on leur passa un fer rouge dans le corps. Vous savez combien les merles ont la vie dure, et vous comprendrez ce que souffrirent les pauvres bêtes pendant une agonie qui se prolongea durant plus d'un quart d'heure. Les indigènes enlevèrent ensuite, à l'aide d'un roseau aigu, les os du crâne et du squelette, coupèrent les pattes et enfermèrent les peaux, fraîches encore, dans une sorte d'étui fait avec un morceau de bambou. Là, non-seulement elles conservèrent leur éclat, mais encore elles se rétrécirent, elles se resserrèrent et subirent une sorte de feutrage.

« Voilà à quel prix, quand la mode l'exige, nos jeunes femmes se parent des aigrettes des oiseaux de paradis.

« Je ne sais si Coco apprécia le péril auquel je l'avais soustrait, mais le fait est qu'il ne se montra pas un seul instant farouche ; revenu peu à peu de sa frayeur, à peine se trouva-t-il installé chez moi, qu'il se mit à becqueter, le long de la muraille, des mouches, des blattes, des fourmis et tous les insectes qui passèrent à sa portée.

« Il ne s'en montra pour cela pas moins friand de baies, de fruits et de graines ; enfin, pendant la traversée, il s'accommoda fort bien, au besoin, d'un morceau de biscuit détrempé dans du lait ou même dans de l'eau.

« On ne saurait donner aux matelots des distractions qui leur plaisent mieux que la présence d'un animal vivant à bord. Aussi salua-t-on l'arrivée de mon oiseau par des hourras de satisfaction, se mit-on à l'entourer de soins, et commença-t-on sur l'heure son éducation.

« D'abord on lui donna, à l'unanimité, ce nom de Coco, qui vous paraît sans doute un peu vulgaire, mais que l'oiseau adopta et auquel il répondit aussitôt ; ensuite on lui siffla toutes sortes d'airs qu'il retint et répéta avec une facilité merveilleuse ; enfin, on voulut l'initier au langage du bord, et Coco commençait déjà à jurer convenablement, lorsque j'in-

terposai mon autorité, et je déclarai que si je surprenais mon oiseau à balbutier le moindre mot grivois ou grossier, il ne sortirait plus désormais de ma cabine.

« Cette menace suffit, et si Coco se met tout à l'heure à parler, vous constaterez qu'on n'a point à redouter, dans sa société, les grossièretés du perroquet Vert-Vert. »

Ainsi, me disais-je en sortant du salon du capitaine, ainsi je viens de voir un des oiseaux sur lesquels se sont racontées, pendant tant de siècles, les plus merveilleuses et les plus poétiques légendes du monde... Et cet oiseau se nomme Coco, et il siffle et il parle comme le premier merle venu, élevé par le savetier du coin !

Cependant, quand le lieutenant de Magellan, Pigafetta, apporta en Espagne et présenta à Charles-Quint la peau d'un paradisier, il raconta à l'Empereur que cet oiseau était un transfuge du ciel. Il ajouta que pour avoir, comme autrefois les anges déchus, enfreint l'ordre divin qui lui interdisait de franchir les barrières du paradis terrestre, cet oiseau était tombé sur la terre, où, faute d'ambroisie pour se nourrir, il était mort de regret et de faim, entouré de ses frères également coupables de transgression des défenses célestes. Il avait volé jusqu'à ce que les forces lui manquassent ; car il ne possédait pas de pattes, et ne pouvant trouver ni relâche ni repos en se perchant

Un jésuite, le père Nieremberg, confirma d'abord les récits fantastiques de Pigafetta; mais bientôt,

envoyé en mission aux Moluques, il se convainquit
de l'erreur dans laquelle il était tombé et qu'il avait
propagée. Il voulut alors rétablir la vérité, et il
écrivit que les paradisiers, loin de sortir du paradis,
appartenaient, sauf leur beauté, à l'espèce ordinaire
des oiseaux ; qu'ils construisaient des nids comme
eux, qu'ils pondaient des œufs comme eux ; qu'ils
couvaient comme eux, et surtout qu'ils mangeaient
des graines et des insectes comme eux. Les savants
de l'époque lui répliquèrent que, loin de se laisser
prendre à cette palinodie, ils ne comprenaient pas
qu'un religieux cherchât à accréditer de semblables
mensonges. Ne savait-on pas jusqu'à l'évidence, et
cent témoins oculaires n'avaient-ils pas raconté, que
les oiseaux de paradis se nourrissaient de rosée,
peut-être parfois du suc des fleurs, et que, privés
de pattes, ils ne touchaient jamais le sol ?

Le plus acharné des antagonistes du père Nieremberg, un certain Acosta, déclara « que, sans pattes,
privés de la faculté de se percher et de se reposer
à terre, les paradisiers se suspendaient aux arbres
avec leurs filets, qu'ils n'avaient point d'autre élé-
ment que l'air, qu'ils y dormaient, qu'ils y pondaient
et qu'ils y couvaient. Le mâle, ajoutait-il, possède
sur le dos une cavité dans laquelle la femelle dépose
ses œufs ; celle-ci les couve au moyen d'une autre
cavité placée dans son abdomen et correspondant à
celle du mâle ; les deux oiseaux s'entrelacent par
leurs longs filets, et forment ainsi un nid vivant
jusqu'à l'éclosion des œufs. Les petits naissent tout

formés et tout emplumés, s'envolent au sortir de la coquille, prennent leur essor sous la direction et la protection du père et de la mère, et se mettent à vivre d'air comme eux. »

Il fallut deux siècles pour que l'on reconnût la véracité du père Nieremberg, et qu'on substituât l'histoire véritable du paradisier au roman si solidement accrédité par Acosta.

Aujourd'hui peu de personnes ignorent encore que les oiseaux de paradis ne vont point passer quatre mois par an dans le paradis terrestre, mais qu'au contraire ils émigrent de la Nouvelle-Guinée dans les îles voisines, où ils trouvent en abondance les épices, les insectes et même les petits oiseaux nouveau-nés, dont ils se montrent très-friands. Ils construisent, au plus profond des forêts, des nids solides et même un peu grossiers avec des brichettes, des rameaux secs et de la mousse. De plus, ce sont d'enragés querelleurs, surtout à l'époque des amours. Éperdus de jalousie, ils se jettent les uns sur les autres, s'attaquent à coups de bec et s'entre-tuent souvent, ainsi que l'attestent les nombreux cadavres ensanglantés que l'on trouve, vers le printemps, au pied des arbres, et que ne dédaignent point pour cela les chasseurs, car si les plumes de ces oiseaux sont brisées et faucées, la chair en est excellente, et rien ne vaut, suivant le capitaine possesseur de Cacro, un paradisier cuit à point.

Hélas! nous voici tombés en plein réalisme, comme pour tant d'autres choses! Que dirait le poète du XVII siècle, Domingo Ribeira, qui a fait sur l'oiseau de paradis cette élégie?

Oiseau de paradis! oiseau de paradis! mon amour pour Dolorès te ressemble.

Comme toi, il ne saurait toucher à la terre; comme toi il ne saurait se nourrir d'aliment grossier.

Comme toi, il provient du paradis, car c'est un ange envolé du ciel qui s'est introduit dans mon cœur.

Comme toi, il resplendit d'émeraudes et d'or au soleil; mais mon soleil est plus divin que le tien, car mon soleil est le regard de Dolorès.

Pauvre poète! l'oiseau à qui vous comparez votre amour castillan ne provient pas du ciel, et se nourrit d'aliments vulgaires; des matelots ont changé son nom de paradisier, pour le remplacer par le vulgaire sobriquet de Coco; enfin, il fournit un rôt excellent aux gourmets de la Nouvelle-Guinée!

# CHAPITRE XIII



En quittant le capitaine, je me dirigeai vers le Muséum pour y voir la collection d'oiseaux de paradis que possèdent ses galeries. Chemin faisant, bien entendu, et à peine arrivé dans le jardin, je me pris à flâner de case en case, et à regarder avec curiosité les oiseaux rares qu'elles contenaient.

Je remarquai d'abord, parmi les premiers, des aigles à queue étagée, des hiboux-katapa, un marabout de Java, une cigogne leucocéphale et des coqs de combat de Cochinchine.

Ces oiseaux, de haute taille et de mine fière, choisis soigneusement parmi les produits spéciaux d'une

race dressée au combat depuis des centaines de
générations, passent à juste titre pour des adver-
saires redoutables, même des célèbres coqs du De-
vonshire. Les Anglais, grands amateurs d'un si
cruel mais si attrayant spectacle, les font venir à
grands frais de leur pays natal. Toutefois ces coqs,
réputés invincibles, trouvent à qui parler quand on
les place devant un de nos corps normands. Derniè-
rement, à Londres, un de ces derniers, après un
combat prolongé au delà de trente-cinq minutes,
a tué un coq de combat cochinchinois et gagné ainsi
des paris considérables à son maître, sir John Lyard.

Quand on visite le Muséum, il ne faut pas, du
reste, s'y occuper exclusivement des animaux que
renferment les parcs et les cages. Ceux qui vivent
libres et en sécurité sur les arbres et au milieu des
taillis de cet immense jardin valent bien aussi la
peine qu'on leur accorde quelque attention. C'est
surtout l'hirondelle, le martinet et le moineau franc,
qui vit là comme chez lui et qui va chercher jusque
entre les griffes du tigre, et sous le bec des aigles
et des vautours, la bribe de pain qu'il convoite; ce
sont le rossignol, la fauvette, la mésange, et cent
autres qui nichent, qui pondent, qui couvent, sans
qu'on songe jamais à les inquiéter.

N'oublions pas le roitelet, qui voltige sans cesse
d'arbre en arbre, de branche en branche, et se sus-
pend aux rameaux pour surprendre des insectes.
Cherchez bien sur les sapins et sur les pins, vous y
découvrirez son nid, de forme tout à fait sphérique,

construit de mousse et revêtu au dehors de toiles
d'araignée, artistement étalées et destinées à préserver de l'humidité la jolie petite habitation. Garni
à l'intérieur d'un tissu doux et moelleux composé
du duvet des cygnes et des marabouts ramassé çà et
là, brin à brin, au bord de l'eau; toujours suspendu
à l'extrémité d'une branche d'arbre vert, ce nid
s'ouvre sur le côté; car les petits, qui doivent sortir
des œufs roses qu'il contient, sont frileux, et une
goutte d'eau tombée sur leur corps suffirait pour
les tuer. Aussi faut-il voir le père et la mère veiller
avec une sollicitude de tous les instants sur cette
chère et délicate progéniture; le mâle tient toujours
aux aguets sa mignonne tête d'un jaune d'or et
qu'encadre un bandeau ou plutôt un diadème de
plumes noires; la femelle, qui, en digne mère de
famille, renonce pour ses enfants à toute espèce de
coquetterie, porte une livrée modeste et de couleur
cendrée, et semble rester toujours en femme de
logis.

D'où vient à ces oiseaux le nom de roitelet, que,
par exception, les ornithologistes lui conservent,
même en latin, puisqu'ils les nomment *regulus*?
Le doivent-ils à leur tête dorée, qui ressemble à un
bandeau royal? Le doivent-ils à une légende qui se
raconte dans toute l'Europe depuis des siècles?

« Un jour, dit cette légende, les oiseaux se ras-
semblèrent pour élire un roi, et ils décidèrent que
la souveraineté appartiendrait à celui d'entre eux
qui s'élèverait le plus haut dans les airs, et qui,

par conséquent, se rapprocherait le plus du soleil, père de la nature.

« A peine ce programme se trouva-t-il décrété, que l'aigle ouvrit ses ailes, s'élança majestueusement et à perte de vue aux confins de l'atmosphère et y plana pendant une heure, n'apparaissant plus que comme un point imperceptible aux regards des millions d'oiseaux rassemblés pour le choix d'un souverain. Après quoi il se laissa descendre lentement et demanda aux électeurs stupéfaits :

« — Suis-je votre roi?

« — Oui! oui! Vive l'aigle! vive notre roi! répondit-on avec enthousiasme de toutes parts.

« — Un instant! un instant! cria une petite voix frêle et aiguë, un instant! Vous avez juré de donner la couronne à celui qui monterait le plus haut dans les airs, et je me suis élevé, moi, plus haut que l'aigle; car, blotti dans les plumes de son dos, où vous me voyez encore, il m'a, sans s'en apercevoir, emporté avec lui, et je l'ai toujours dominé. »

« La lettre même du décret donnait raison au petit oiseau, et les électeurs se trouvèrent dans un grand embarras. Le réclamant était strictement dans son droit; mais d'autre part on ne pouvait prendre pour souverain un pareil pygmée, aussi étourdi que frêle. A la fin un vieux hibou, qui jouissait d'une grande réputation de sagesse, gratta de sa patte sa tête grise, et proposa un accommodement qui concilia tout à la fois l'esprit et la lettre du décret formulé par le congrès.

« — L'aigle sera le roi, dit-il, parce que seul, et par sa propre force, il est parvenu là où nul d'entre nous n'aurait su parvenir. Proclamons-le donc roi. Quant à l'oiseau qui, sans l'aigle, n'aurait pu atteindre les hauteurs de l'empyrée, qu'il reçoive le titre de petit-roi ou de roitelet. »

« On applaudit à la motion du hibou. L'aigle prit possession du pouvoir souverain, et le roitelet accepta en riant le titre qu'on lui offrait.

« — Quoique je ne me soucie guère de votre couronne et de ses inquiétudes, quoique je préfère de beaucoup ma vie et ma liberté aux cours du pouvoir, vous avez tort, lui dit-il, de me préférer l'aigle pour vous gouverner, il est sans doute plus robuste que moi, mais je suis plus intelligent que lui, puisque je l'ai dupé sans même qu'il le comprenât. Or, l'intelligence ne vaut-elle pas mieux que la force pour gouverner un État. »

Cette légende me remit en mémoire d'autres histoires merveilleuses que contiennent les anciens livres.

Je me rappelai, et je me contai à moi-même qu'au commencement du VIII° siècle, saint Guthlac élevait deux corbeaux dans sa solitude de Croyland. Et, ajoute le biographe du saint, non-seulement ces oiseaux lui étaient soumis, mais encore tous les poissons et les quadrupèdes recevaient quotidiennement de sa main la nourriture qui convenait à leur espèce.

Un jour un moine rendit visite à saint Guthlac,

et tandis qu'ils devisaient sur leur vie spirituelle, deux hirondelles s'approchèrent en volant, et en donnant cours à leurs chants joyeux ; elles se posèrent sans crainte sur les épaules du saint homme, d'où elles descendirent sur ses bras et sur ses genoux.

Quelques années plus tard, saint Cuthbert apprivoisa les corneilles de son île déserte de Farne par la douceur avec laquelle il les traita elles et leurs petits. Plus tard encore et dans la même île, saint Bartholomé captiva si bien un petit oiseau, que pendant des années il venait chaque jour se poser sur sa table et manger dans sa main.

La première sainte Brigitte, une sainte d'Irlande, enseigna également aux oiseaux voisins de son ermitage à se rendre à son appel.

Un autre saint irlandais, saint Colmon, apprivoisa treize sarcelles, qui l'escortaient sur le lac attenant à sa retraite monastique.

En ce moment le cri d'un perroquet, et une main qui se posait sur mon épaule, me tirèrent de ma rêverie : c'était un de mes vieux amis, attaché aujourd'hui au Muséum et qui a parcouru tous les pays du monde.

« Je vous y prends, me dit-il, vous êtes là en extase devant un de mes perroquets ; cet oiseau, peut-être ne le savez-vous pas, est un des oiseaux exotiques les plus anciennement connus en Europe.

« En effet, au moyen âge on voyait fréquemment dans les châteaux et les manoirs des barons, deux

oiseaux particulièrement recherchés. Le premier était
le perroquet.

« D'après les tableaux et les gravures parvenus
jusqu'à nous, le perroquet semble avoir été connu
des Anglo-Saxons sous le nom de *ragofinc*, mot
dont la dernière syllabe signifiait tout simplement
un *pinson*; les deux premières syllabes, dont l'éty-
mologie n'est pas bien certaine, se retrouveraient
peut-être dans le mot *brage* (chèvre). On ne voit
pas d'abord bien clairement pourquoi le perroquet
aurait reçu le nom de *chèvre-pinson*; mais Turner
Smith, savant peu connu du XVIII⁰ siècle, l'explique
par les sauts et les bonds auxquels se livre le pauvre
oiseau captif ou attaché par la patte sur un perchoir.
En France on leur donnait le nom de papegaut.

« Alexandre Denis, l'un de nos anciens trouvères,
appelle le perroquet « jongleur et ménestrel des
oiseaux, » non à cause de la beauté de son chant
mais de son talent mimique et de ses tours joyeux.
Il parle aussi de sa malice et de sa facilité à copier
la voix de l'homme, en ajoutant qu'il est plus intelligent et plus amusant que les jongleurs eux-mêmes.

« De si brillantes qualités attirèrent naturellement
sur ces oiseaux une certaine auréole de superstition; on croyait qu'en outre de l'idiome par lequel
les oiseaux s'entendent entre eux, et qui a donné
lieu à une foule de fables et de légendes, les perroquets comprenaient aussi le langage de l'homme.

« Un chevalier normand, dit Denis, possédait un
perroquet qu'il aimait passionnément, et qu'il lui

fallut quitter pour prendre la croix et aller guer-
royer en terre sainte contre les infidèles. Pendant
qu'il parcourait la Syrie, et qu'il se trouvait dans
le voisinage du mont Gelboë, en Samarie, qu'on
croyait être la patrie primitive des papegauts, ce
chevalier en rencontra un parfaitement semblable au
sien, et lui dit en badinant : « Mon perroquet, qui
est enfermé dans une cage et qui vous ressemble,
vous salue. »

« A peine eut-il prononcé ces mots, qu'à sa grande
stupéfaction l'oiseau tomba comme mort sur la
terre.

« De retour en Normandie, le chevalier raconta
cette aventure à ses amis, près du perroquet enfermé dans la cage, et l'oiseau tomba aussitôt privé
de sentiment du haut de son bâton. Le chevalier,
effrayé, le sortit de sa cage pour essayer de le ranimer ; mais l'oiseau n'eut pas été plutôt posé sur le
sol, qu'il se releva, s'envola et ne revint plus.

« La pie était au moyen âge, comme elle l'est
encore aujourd'hui, recherchée de toutes les classes
sociales. On la trouvait sous le chaume du serf
comme sous le toit du seigneur. Plus d'une histoire
légendaire repose sur l'intelligence et la finesse qu'on
supposait à cet oiseau, ainsi que sur sa prétendue
faculté d'imiter la voix de l'homme.

« Il paraît, d'après Alexandre Neckam, qu'une
pie qui habitait ordinairement la basse-cour d'un
manoir, était regardée comme la sauvegarde de la
volaille, à cause de sa surveillance et du bruit qu'elle

ne manquait pas de faire à l'approche de quelque
déprédateur. On croyait que le perroquet, à l'intérieur de la maison, veillait aussi et avertissait à
l'approche des voleurs. »

En devisant ainsi, nous arrivâmes dans la galerie
d'ornithologie, et comme je me dirigeais vers les
armoires vitrées qui contenaient les paradisiers :

« Un instant, me dit mon compagnon ; avant
d'aller plus loin, payez votre tribut d'amateur aux
colibris et aux oiseaux-mouches. »

Les colibris et les oiseaux-mouches, dont la
grandeur varie depuis les vigoureuses proportions
du martinet jusqu'à la taille exiguë du hanneton,
ne se rencontrent que sur le continent américain
mais on les y retrouve d'un pôle à l'autre, et dans
les conditions d'habitudes les plus variées. Tantôt
ils habitent les vallées et les plaines ; tantôt ils
vivent le long des fleuves, au bord de la mer, sur
les montagnes les plus élevées, à quatre ou cinq mille
mètres d'altitude ; tantôt enfin il leur faut, soit un ciel
tropical, soit des glaciers, soit des neiges éternelles.

Leurs habitudes et leurs mœurs sont presque partout les mêmes. En mouvement dès que l'aurore
paraît ou que le crépuscule apporte ses premières
ombres, ils vont de fleur en fleur, recueillant dans le
calice de celles-ci, à l'aide d'un long bec et d'une
langue bifurquée, un peu de pollen et surtout beaucoup de larves et d'insectes ; c'est encore là qu'ils
puisent les gouttes de rosée qui leur servent à se
désaltérer.

Le vol de l'oiseau-mouche rappelle, par le mouvement fébrile des ailes et par le susurrement qui l'accompagne, le grand papillon sphinx des environs de Paris. Comme il ne sort de son nid ou de sa

retraite qu'avant la naissance ou qu'à la chute du jour, toutes les descriptions que les voyageurs font de ce saphir vivant qui miroite et qui chatoie aux rayons du soleil me paraissent fort aventurées.

Il faut bien en faire le triste aveu, on ne peut guère admirer les merveilleuses couleurs de l'oiseau-mouche que dans une collection. Quand l'oiseau, vivant et libre, vole de plante en plante, on n'aperçoit qu'une petite masse vague, sombre, indistincte, dont l'oreille, beaucoup plus que les yeux, constate la présence.

Il n'en est pas de même si l'on parvient à observer

l'oiseau-mouche le jour, soit dans une forêt, soit même dans le voisinage des habitations; ce spectacle est d'ailleurs moins difficile à se procurer qu'on ne serait tenté de le croire; car l'oiseau-mouche, pourvu qu'on ne cherche point à le saisir, se montre peu farouche et se laisse approcher sans trop de défiance.

On peut alors le contempler à l'aise, couvant ses œufs dans un nid grand comme un doigt de gant, construit en brins d'herbes enlacés, et en petites écailles de lichen gris, formant une sorte de tissu feutré, agglutinées ensemble à l'aide de la salive du père et de la mère, et garnies de flocons cotonneux recueillis sur la plupart des plantes du voisinage. Le plumage de la femelle, presque toujours d'un gris sombre, rappelle la livrée de notre moineau; le mâle, au contraire, à quelque espèce qu'il appartienne, resplendit des tons éblouissants du saphir, de l'émeraude et des gemmes les plus éclatantes. Pour mieux faire reluire cette splendide parure, il étale son poitrail, il pirouette sur une seule aile, il tournoie, il tourbillonne autour de sa femelle et fait entendre une sorte de petit cri passionné, répété d'intervalle en intervalle. Celle à laquelle il prodigue tous ces moyens de séduction le contemple avec une admiration muette; perchée presque toujours sur la tige d'un arbrisseau, elle semble fascinée et suit par un mouvement lent de la tête le beau fiancé qui cherche à obtenir d'elle un aveu.

Aussi bientôt, d'un commun accord, se mettent-

ils à construire un nid où à quelques jours de là se
trouvent déposés deux ou trois œufs d'un blanc mat,
et qui parfois ne dépassent pas la grosseur de la graine
de sénevé dont parle l'Évangile. La femelle commence
à les couver avec une sollicitude passionnée, et le
mâle lui-même ne songe plus à la parure dont naguère
il semblait si glorieux, et, disons-le, si infatué. Il
reste sur le bord du nid, jusqu'aux heures où il faut
songer à l'approvisionnement de sa compagne; alors
il lisse ses plumes, s'élance et ne tarde point à revenir le bec plein d'insectes, qu'il donne à sa femelle
en agitant doucement les ailes pour l'éventer et la
rafraîchir.

Les petits éclos, les deux oiseaux veillent sur leur
chère lignée avec une sollicitude et un courage nécessaires d'ailleurs; car les ennemis des oiseaux-mouches sont nombreux, dangereux et d'une force et
d'une adresse redoutables.

L'oiseau bleu, le martin, le gobe-mouche-tyran,
se montrent très-friands des nouveau-nés et cherchent à les surprendre pendant l'absence du mâle. S'ils
parviennent à tromper la vigilance de celui-ci, ils se
jettent sur le nid, en chassent la femelle, trop faible
pour se défendre, et dévorent en véritables ogres les
pauvres petits Poucets. Mais, gare à eux, si le mâle
revient tout à coup! A la vue du brigand, sans cal-
culer le péril et les forces de son adversaire, il se
jette sur lui, s'efforce de se cramponner à son dos,
et, s'il y parvient, il ne tarde point à mettre son
ennemi hors de combat; de la position inexpugnable

qu'il s'est emparée, il le frappe à grands coups de
son long bec effilé et acéré, et, la plupart du temps,
il lui crève les yeux. Alors le vautour tombe, entraîne
dans sa chute le vainqueur, et trop souvent écrase
sous son corps pesant le petit héros, qui ne peut
dépêtrer ses pattes des plumes auxquelles il les a
enlacées. Il arrive aussi fréquemment qu'on trouve
gisant ainsi sur le sable les cadavres des deux combattants.

Le docteur Hébert Frantz, un de ces Allemands
patients qui n'hésitent point à consacrer des années
entières à l'étude des mœurs d'une seule espèce d'animal, raconte avoir vu, au Brésil, une grosse araignée,
la mygale aviculaire, aux prises avec l'oiseau-mouche-
rubis.

« La mygale, large comme la paume de la main
d'une jeune femme, dit M. Frantz sans se soucier
de ce singulier rapprochement, vit au fond d'un terrier qu'elle se creuse dans la terre, et qu'elle ferme
hermétiquement à l'aide d'une porte en matière gom-
meuse et littéralement verrouillée ; elle ne l'ouvre
qu'aux approches de la nuit. Alors elle se glisse hors
de cette caverne, lentement, traîtreusement, sans
le plus léger bruit, et elle grimpe, en s'aidant de ses
ongles aigus, aux rameaux où se trouvent suspendus
les nids des oiseaux-mouches.

« Un jour, un de ces monstres gagna de cette façon
un nid d'oiseau-mouche-rubis, dont le mâle se trouvait absent. D'un coup de pattes, l'araignée mons-
trueuse terrassa la femelle, la saisit dans ses mandibules

et trancha la tête de la pauvre petite bête, qui ne put que jeter un cri avant de mourir.

« Ce cri de détresse fut entendu du mâle, occupé à butiner dans le voisinage. Éperdu de désespoir et de rage, il accourut à tire-d'aile et s'élança sur la mygale, qui abrita son gros corps sous l'enfourchure d'un rameau, et fit face à l'époux résolu à venger la mort de sa compagne. Le combat dura plus d'un quart d'heure ; les pattes et les ongles de l'araignée étaient pleins de plumes du rubis, qui, tout sanglant et tout blessé qu'il était, revenait à chaque instant à la charge avec une furie digne d'un meilleur sort. A la fin il succomba. Alors la hideuse mygale sortit avec mille minutieuses précautions de dessous le rameau qui lui avait servi de bouclier, saisit les deux cadavres de ses victimes, et les emporta lentement dans son antre. »

L'oiseau-mouche ne saurait vivre en captivité. Comme il arrive souvent à nos papillons, il entre dans les appartements, y butine sur les fleurs, sans s'inquiéter des personnes qui le regardent, et, pourvu qu'on ne cherche point à le tracasser et surtout à le saisir, il finit par se familiariser assez complétement pour venir prendre des bribes de sucre entre les lèvres des jeunes filles, qu'intéresse beaucoup cette preuve de confiance et d'intimité.

Le met-on en cage, il meurt bientôt, et à peine cite-t-on un ou deux exemples d'oiseaux-mouches et de colibris ayant résisté à un mois de captivité. Aussi n'a-t-on vu qu'une seule fois en Europe, à Londres, chez lady Hamond, des oiseaux-mouches qu'on nourrissait de miel, et qui ne tardèrent point à mourir de nostalgie.

On compte par centaines les différentes espèces d'oiseaux-mouches et de colibris.

Pour les bien connaître, et les étudier véritablement en ornithologiste, il faudrait voir placés à côté les uns des autres, non-seulement le mâle, la femelle, les œufs, le squelette et le nid, mais encore les différents âges.

La livrée de ces âges se modifie tellement chez la plupart des oiseaux, que souvent encore aujourd'hui il arrive aux ornithologistes les plus érudits de nommer et de décrire comme appartenant à des espèces distinctes des individus sortis, pour ainsi dire, du même nid à des époques différentes, et dont le plumage diffère tellement, qu'il justifie en quelque sorte ces erreurs de classification.

Il n'existe qu'un moyen de démontrer la fraternité

d'oiseaux complétement dissemblables de couleurs, c'est de les placer à côté les uns des autres. On constate alors par quelles nombreuses et absolues transformations de nuances passe le nouveau-né, pendant son enfance, sa jeunesse et son adolescence, avant de devenir tout à fait adulte. Tel qui se montre au début blanc et terne, devient gris, se mélange de blanc et de gris, passe au brun, et finit par se revêtir de couleurs éclatantes dont le temps ne fait qu'accroître la splendeur. Tel autre, au contraire, — et ceci arrive surtout aux oiseaux de proie, — traverse huit ou dix métamorphoses, et, revêtu d'abord d'une parure gaie qui s'efface peu à peu, revêt à la fin un plumage austère et lugubre.

On peut donc suivre une à une, et d'étape en étape, les séries de ces modifications étranges, causes de tant d'erreurs scientifiques, et s'en rendre compte, sans contestation et sans doutes possibles. On les y *touche du doigt*, moralement, bien entendu ; car matériellement on ne saurait même effleurer ces êtres délicats sans risquer de compromettre et de ternir leur beauté !

Après avoir payé un juste tribut d'admiration aux oiseaux-mouches, nous arrivâmes enfin devant la collection des oiseaux de paradis, et nous admirâmes la magnificence de leurs différentes espèces.

D'après Cuvier, les vrais paradisiers forment plusieurs groupes.

Ce sont :

Les espèces qui ont les plumes des flancs effilées et

allongées en panaches plus longs que le corps, avec
deux filets ébarbés, adhérents au croupion, et qui
se prolongent plus que les plumes des flancs.

Ce groupe, dont Vieillot a fait, sous le nom de
*samalie*, une division de la famille des Manucaudates,
renferme la première espèce connue en Europe, la
plus commune de toutes, et dont on connaît le mieux
les mœurs.

C'est l'oiseau de paradis émeraude (*paradisea
apoda*) de Linné, que les Portugais appellent *pas-
saros de sol* (oiseau de soleil); les habitants de Ternate, *manuco Dewata* (oiseau de Dieu) ou *burong
papoua* (oiseau des Papous), et qu'à Amboine et à
Banda on nomme *manu keg-Arou*.

Sa taille atteint celle du merle; il a tout le dessus
de la tête et du cou jaune clair, et le tour du bec et
la gorge d'un vert d'émeraude chatoyant

C'est au mâle de cette espèce que la mode em-
prunte les longs faisceaux de plumes jaunâtres qu'il
porte sur les flancs, pour en composer les panaches
dont les femmes aiment à orner leur chevelure.
Vieillot, dans sa galerie des oiseaux, s'exprime ainsi
qu'il suit, au sujet de ce paradisier:

« Cette espèce reste dans les îles d'Arou pendant
la moisson sèche ou de l'ouest, et retourne à la
Nouvelle-Guinée au commencement de la mousson
pluvieuse ou d'est. Elle voyage en bandes de trente
à quarante individus, sous la conduite d'un autre
oiseau qui vole toujours au-dessus de la troupe. Ce
chef est, dit Valentin dans le *Voyage de Forster*, non

et tacheté de rouge; mais jusqu'à présent personne ne dit l'avoir vu en nature. Les oiseaux de paradis ne s'en séparent jamais, soit qu'ils volent, soit qu'ils se reposent; mais cet attachement pour leur guide cause quelquefois leur perte, quand il se repose à terre; car ils ne peuvent s'envoler que difficilement, à cause de la forme et de la disposition particulière de leurs plumes.

« Ils se perchent sur les grands arbres, particulièrement sur le waringa à petites feuilles et à fruits rouges, dont ils se nourrissent (*ficus benjamina*).

« L'étendue, la quantité, la longueur, la souplesse de leurs plumes hypocondriales, leur permettent bien de s'élever fort haut, les aident à se soutenir dans l'air, à le fendre avec la légèreté et la vitesse de l'hirondelle de Ternate; mais si le vent devient contraire, ce luxe de plumes nuit à la direction du vol, et alors ils n'évitent le danger qu'en s'élevant perpendiculairement dans une région d'air plus favorable, et ils continuent leur route.

« Quoiqu'ils prennent toujours leur vol contre la direction du vent, et qu'ils évitent les temps d'orage, ils sont quelquefois surpris par une bourrasque: c'est alors qu'ils courent les plus grands dangers. Leurs plumes, longues et flexibles, se bouleversent, s'enchevêtrent; l'oiseau ne peut plus voler; ses cris répétés annoncent sa détresse; il lutte en vain contre l'orage, son embarras augmente, la frayeur redouble l'impuissance de ses efforts, il chancelle et tombe. Les Indiens, attirés par ses cris, le saisissent ou le tuent, ou il n'échappe à la mort qu'en gagnant promptement une élévation d'où il peut reprendre son vol.

« La femelle a seulement les deux pennes intermédiaires de la queue plus courtes que celles du mâle. »

L'oiseau de paradis rouge (paradisea rubra) appartient également à la première section déterminée par Cuvier.

Cette seconde espèce, que quelques ornithologistes croyaient être la même que celle dont je viens de parler, se caractérise surtout par la couleur rouge des faisceaux de plumes dont ses flancs sont ornés, et par les filets de la queue, plus larges et concaves d'un côté.

En outre, un velouté noir entoure la base du bec, et les plumes du sinciput, assez allongées pour simuler une petite huppe ; les plumes du dessous du cou et du haut du dos, le croupion, les côtés de la gorge et de la poitrine offrent des teintes jaunes.

On ne sait pas précisément dans quelle partie de l'Inde vit cet oiseau.

Dans la seconde espèce, les plumes des flancs ne dépassent pas la queue.

Le manucode royal (paradisea regia) est un des plus beaux paradisiers du genre.

Une riche couleur orangée et veloutée occupe le sommet de la tête ; le cou et la gorge sont d'un brun rougeâtre, brillant, satiné, mais plus foncé sur cette dernière partie, au bas de laquelle se trouve une raie transversale blanchâtre, suivie d'une large bande d'un vert d'émeraude à reflets métalliques.

De larges plumes grises à leur base et dans la plus grande partie de leur longueur, traversées ensuite par deux lignes, l'une blanche, l'autre d'un beau roux, et

toutes terminées par une couleur de vert doré, occupent les hypocondres, le dos et les rectrices supérieures. Les pennes alaires sont d'un rouge velouté, les rectrices sont de la même teinte.

Les deux larges filets qui tiennent lieu de deux pennes intermédiaires de la queue, et dont l'extrémité est garnie de barbes assez longues, se replient en dedans sur elles-mêmes, de manière à former un rond dont le centre reste vide, et se parent sur ce point d'un vert d'émeraude à reflets dorés.

Le manucode royal, que l'on rencontre à Sopelo-o, l'une des îles Aron, et particulièrement à Void-Sir, pendant la mousson de l'ouest, est d'un naturel solitaire. Il ne se perche jamais sur les grands arbres, voltige de buissons en buissons et se nourrit des baies rouges que produisent certains arbrisseaux.

Les insulaires les prennent avec des lacets et au moyen de la glu qu'ils tirent du fruit à pain.

Il paraîtrait que cet oiseau se reproduit dans la Nouvelle-Guinée, et qu'il ne serait que de passage dans les îles Aron.

Le paradisier-lath se distingue par la couleur des plumes qui couvrent les parties supérieures du corps d'un rouge-baie à leur extrémité; elles deviennent vertes à leur partie inférieure et sur les flancs. Un faisceau de plumes jaune-paille orne les côtés du cou, et un autre faisceau de même couleur, mais plus intense, se trouve vis-à-vis le pli de l'aile.

Vieillot place le paradisier-lath dans la division des samalies, et fait des manucaudes le type d'une division particulière.

Les espèces qui possèdent les plumes effilées, mais courtes des flancs, et qui manquent de filets au croupion, se nomment sifilets (*parotia*).

La seule espèce qui compose cette section est le *sifilet à gorge dorée* (*paradisea aurea*); elle doit ce nom aux filets qui partent, au nombre de trois, de chaque côté de la tête et se dirigent en arrière.

Ces filets se terminent par des bandes assez longues, et disposées en palette.

Le sommet de la tête est orné d'une sorte de huppe, formée par des plumes qui s'élèvent de la base du bec, et tellement mélangée de noir et de blanc que l'ensemble de ces couleurs présente un ton gris de perle. Des plumes noires à barbes désunies naissent sur les côtés du ventre ; celles de la gorge, étroites à leur origine, larges à leur extrémité, sont d'un beau noir de velours dans le milieu, et de couleur d'or changeante en violet sur les côtés, avec des reflets de diverses nuances vertes.

On remarque derrière la tête une sorte de collier pareil aux plumes de la gorge ; la queue ressemble à du véritable velours noir d'une richesse et d'un moelleux admirables.

Plusieurs barbes longues, séparées et flottantes ornent ses pennes.

Il habite également la Nouvelle-Guinée.

La quatrième espèce ne possède ni filets ni prolongement aux plumes des flancs. Vieillot en composait la division des *lophorines*.

Cuvier n'admet dans ce groupe que deux espèces.

Le *paradisier superbe* (*paradisea superba*), que les Papous nomment *shaqua*, ce qui signifie *oiseau de ségéhile*. Les naturels de Ternate et de Tidor en font un très-grand commerce, et l'appellent *soffo-e-kokotos* (oiseau de paradis noir).

Cette espèce est très-curieuse à cause de la direction qu'affectent quelques-unes de ses plumes.

Celles de la partie inférieure de la gorge, d'un vert bronzé, à reflets violets, s'étendent sur la poitrine, et finissent, en s'écartant sur les côtés du ventre, dont elles laissent le milieu à découvert, une queue d'hirondelle.

Le dos, le croupion, les ailes, les rectrices caudales et les tectrices offrent les mêmes nuances.

De longues plumes veloutées semblent sortir des épaules, se relèvent tantôt très-haut, tantôt plus ou moins sur le dos, et s'inclinent en arrière en formant une espèce de mantelet, qui s'étend presque jusqu'au bout des ailes.

Celles qu'on voit sur le dessus du bec, se présentent comme deux petites huppes noires.

Les habitants de la Nouvelle-Guinée portent et vendent à Salawar ces paradisiers dans des bambous creux, après les avoir fait sécher à la fumée autour d'un bâton, et leur avoir ôté les entrailles, les ailes, la queue et les pieds.

La deuxième espèce admise par Cuvier est le *paradisier orangé (paradisea aurea)*, que Gmelin plaçait parmi les loriots, sous le nom de *oriolus aureus*.

Cet oiseau ne présente aucun développement extraordinaire de plumage, et ne se fait reconnaître qu'au velouté de ses plumes.

La livrée du mâle est généralement d'un orangé très-vif; on ne trouve de noir que sur la gorge et sur les premières rémiges.

Chez la femelle, le brun remplace l'orangé.

Latham et Gmelin confondaient parmi les paradisiers un oiseau que Cuvier classe dans le genre merle, c'est l'*oiseau de paradis noir* ou la *pie de paradis (paradisea nigra)*, caractérisée par une queue très-allongée. Quelques ornithologistes ont depuis rendu cette espèce aux paradisiers, pour en faire un genre sous le nom d'*astrapie (astrapia)*.

# CHAPITRE XIV



Il n'existe nulle part en France, même au Muséum de Paris, une collection complète et spéciale des oiseaux de la France. Je vais essayer de donner ici une énumération aussi complète que possible de ces oiseaux, qu'il serait bien curieux cependant de voir disposés dans une galerie, les uns près des autres.

En tête viennent naturellement les oiseaux de proie diurnes.

Le vautour (*vultur cinereus*).
Le vautour fauve (*vultur fulvus*).
Le percnoptère blanc (*vultur percnopterus*).
Le griffon (*vultur gypaetus*).
Le griffon barbu (*gypaetus barbatus*).
Le faucon (*falco lanarius*).
Le faucon pèlerin (*falco peregrinus*).
Le hobereau (*falco subbuteo*).
L'émérillon (*falco æsalon*).
La cresserelle (*falco tinnunculus*).
La cresserelette (*falco tinnunculoïdes*).
Le kobez ou faucon à pieds rouges (*falco rufipes*).
Le gerfaut (*falco islandicus*).
L'aigle royal (*falco fulvus*).
L'aigle criard (*falco nævius*).
L'aigle botté (*falco pennatus*).
L'aigle pygargue (*falco albicilla*).
Le balbuzard (*falco haliaetus*).
Le circaète le jean-le-blanc (*falco brachydactylus*).
L'autour (*falco palumbarius*).
L'épervier (*falco nisus*).
Le milan commun (*falco milvus*).
Le milan noir (*falco ater*).
La bondrée commune (*falco apivorus*).
La buse commune (*falco buteo*).
La buse pattue (*falco lagopus*).
Le buzard harpaye (*falco rufus*).
Le buzard saint-martin (*falco cyaneus*).

Les oiseaux de proie nocturnes sont :

Le hibou (*strix*).
Le moyen-duc (*strix otus*).
Le brachyote (*strix brachyotes*).
L'effraie vulgaire (*strix flammea*).
La hulotte ou chouette des bois (*strix stridula*).
Le grand-duc (*strix bubo*).

La chevêche (*strix uralensis*).
La chouette à pieds emplumés.
La chouette commune (*strix passerina*).
Le scops ou petit-duc (*strix scops*).

Ainsi, en France, trente-six espèces d'oiseaux vivent exclusivement de proies vivantes, et font une guerre acharnée aux mammifères de toutes tailles, depuis l'agneau, que l'aigle enlève dans ses serres, jusqu'au mulot nain, caché sous les gerbes de nos champs. Ils n'épargnent pas davantage les oiseaux, les reptiles, et souvent même les poissons.

Les passereaux ne se nourrissent en général que d'insectes et de graines.

La classification ornithologique des passereaux, une des moins naturelles, a subi toutes sortes de variations.

D'après les caractères linnéens on a introduit dans cet ordre des espèces qu'on en sépare avec raison, et on en éloigne d'autres qui présentent tous les attributs des vrais passereaux.

Ces modifications sont logiques, et sans rendre la classification de Linné plus naturelle, elles la simplifient et la rendent plus facile à comprendre.

Les passereaux, en effet, sont des oiseaux dont les caractères généraux consistent dans le doigt externe uni au doigt du milieu sur une étendue plus ou moins considérable.

Cuvier, dont nous suivons la méthode, s'explique ainsi à l'égard de cet ordre :

« Il est le plus nombreux de toute la classe, dit-il ; son caractère semble d'abord purement négatif, car il embrasse tous les oiseaux qui ne sont ni nageurs, ni échassiers, ni grimpeurs, ni rapaces, ni gallinacés. Cependant, en les comparant, on saisit bientôt entre eux une grande ressemblance de structure, et surtout des passages tellement insensibles d'un genre à l'autre, qu'il est difficile d'y établir des subdivisions.

Ils n'ont ni le volume des oiseaux de proie, ni le régime déterminé des gallinacés ou des oiseaux d'eau ; les insectes, les fruits, les grains fournissent à leur nourriture ; les grains d'autant plus exclusivement que leur bec est plus gros, les insectes qu'il est plus grêle ; ceux qui l'ont fort poursuivent même les petits oiseaux.

« Leur estomac est en forme de gésier musculeux ; ils ont généralement deux petits cœcums ; c'est parmi eux qu'on trouve les oiseaux chanteurs et à larynx inférieurs les plus compliqués. La longueur proportionnelle de leurs ailes et l'étendue de leur vue sont aussi variables que leur genre de vie. »

D'après la forme qu'affectent les pieds des passereaux, Cuvier fait dans cet ordre deux divisions. Dans la première et la plus nombreuse, il place toutes les espèces dont le doigt externe se trouve réuni à l'interne, seulement par une ou deux phalanges. Cette division se compose de quatre familles, les dentirostres, les fissirostres, les conirostres et les ténuirostres.

La seconde et la plus petite division de passereaux comprend ceux où le doigt externe, presque aussi long que celui du milieu, lui est uni jusqu'à l'avant dernière articulation; Cuvier n'en a fait qu'un seul groupe, celui des *syndactyles*.

Voici l'énumération des passereaux, telle que Cuvier l'adopte:

La pie-grièche écorcheur [illegible]
La pie-grièche grise [illegible]
La pie-grièche méridionale [illegible]
La pie-grièche à poitrine rose [illegible]
La pie-grièche rousse [illegible]
La pie-grièche moucheuse [illegible]
Le gobe-mouche [illegible]
Le gobe-mouche gris [illegible]
Le gobe-mouche à collier [illegible]
Le bec-figue [illegible]
Le jaseur [illegible]
Le jaseur de Bohême [illegible]
Le merle [illegible]
Le merle bleu [illegible]
Le merle de roche [illegible]
Le merle à plastron [illegible]
Le merle draine [illegible]
Le merle coloma [illegible]
Le merle grive [illegible]
Le merle mauvis [illegible]
Le cincle plongeur ou merle d'eau [illegible]
Le martin roselin ou merle rose [illegible]
Le chocard [illegible]
Le chocard des Alpes [illegible]
Le corbeau [illegible]
Le loriot [illegible]
Le bec-fin [illegible]
Le bec-fin des bois [illegible]
Le traquet pâtre [illegible]

Le tarier (*montacilla rubetra*).

Le motteux ou cul-blanc (*montacilla œnanthe*).

Le traquet rieur (*montacilla cachinnans*).

Le traquet stapazin (*montacilla tapazina*).

Le rouge-gorge (*montacilla sylvia rubecula*).

Le rouge-gorge bleu.

Le rouge-gorge noir ou rossignol des murailes (*sylvia syphœni-curus*).

Le rouge-queue (*sylvia tithys*).

La fauvette rousserole (*sylvia syturdoides*).

La fauvette locustelle (*sylvia locustella*).

La fauvette aquatique (*sylvia aquatica*).

La fauvette de roseaux ou effarvate (*sylvia arundinacea*).

La fauvette la verderolle (*sylvia palustris*).

La fauvette rossignol (*sylvia philomela*).

La fauvette orphée (*sylvia orphea*).

La fauvette à moustaches noires (*sylvia melanopogon*).

La fauvette rugie (*sylvia usorea*).

La fauvette à tête noire (*sylvia atricapilla*).

La fauvette des fragones (*sylvia rusticola*).

La fauvette proprement dite (*sylvia hortensis*).

La fauvette phrasmile (*sylvia phrasmiles*).

La fauvette grisette ou grise (*sylvia cinerea*).

La fauvette babillarde (*sylvia garrula*).

La fauvette des saules (*sylvia luscinoïdes*).

La fauvette pittechou (*sylvia provincialis*).

La fauvette passerinette (*sylvia passerina*).

La fauvette des Alpes ou pegot (*sylvia alpina*).

La fauvette-mouchet ou traine-buisson (*sylvia modularis*).

Le roitelet ordinaire (*sylvia regulus*).

Le pouillot (*sylvia trochilus*).

Le grand-pouillot ou fauvette à poitrine jaune (*sylvia hippolais*).

Le bec-fin siffleur (*sylvia sibilatrix*).

La petite fauvette rousse (*sylvia rufa*).

La fauvette citerine (*sylvia citerina*).

La fauvette Bonelli (*sylvia Bonelli*).

Le roitelet triple bandeau (*sylvia ignicapilla*).

Le troglodyte d'Europe ou roitelet (*sylvia troglodytes*).

La hoche-queue bergeronnette (*motacilla*).

La bergeronnette lugubre (*motacilla lugubris*).
La bergeronnette grise ou lavandière (*motacilla alba*).
La bergeronnette jaune (*motacilla boarula*).
La bergeronnette printanière (*motacilla flava*).
La farlouse ou pipit (*motacilla anthus*).
L'alouette des prés (*motacilla pratensis*).
Le pipit du buisson (*anthus arboreus*).
La rousseline (*anthus rufescens*).
Le pipit spioncelle (*anthus aquaticus*).
Le pipit richard (*anthus richardi*).

La série des passereaux qu'on vient de lire appartient à la catégorie des *dentirostres* ou à bec en forme de dent.

Nous arrivons maintenant aux *fissirostres* ou à bec fendu.

Le martinet à ventre blanc (*cypselus alpinus*).
Le grand-martinet ou martinet noir (*cypselus murarius*).
L'hirondelle des cheminées (*hirundo rustica*).
L'hirondelle des fenêtres (*hirundo urbica*).
L'hirondelle des rivages (*hirundo riparia*).
L'hirondelle des rochers (*hirundo rupestris*).
L'engoulevent (*caprimulgus europæus*).

Les passereaux *conirostres* s'appellent ainsi de leur bec en forme de cône.

L'alouette des champs (*alauda arvensis*).
Le cochevis ou alouette huppée (*alauda cristata*).
Le cujelier ou alouette des bois (*alauda nemorosa*).
L'alouette calandre (*alauda*).
L'alouette calandrelle (*alauda brachydactyla*).
L'alouette Dupont (*alauda Duponti*).

Cette dernière alouette n'est sans doute qu'un oiseau de passage, et ne se rencontre que rarement en France.

« L'alouette commune, dit Vieillot, est le musicien

des champs; son joli ramage est l'hymne d'allégresse qui devance le printemps et accompagne le premier sourire de l'aurore. On l'entend dès les beaux jours qui succèdent aux jours froids et sombres de l'hiver, et ses accents sont les premiers qui frappent l'oreille du cultivateur vigilant.

« Le chant matinal de l'alouette était chez les Grecs le signal auquel le moissonneur devait commencer son travail, et il le suspendait pendant la portion de la journée où les feux du midi imposent silence à l'oiseau.

« L'alouette se tait, en effet, vers le milieu du jour; mais quand le soleil s'abaisse vers l'horizon, elle remplit de nouveau les airs de ses modulations variées et sonores; elle se tait encore lorsque le ciel est couvert et le temps pluvieux, du reste, elle chante pendant toute la belle saison.

« De même que dans presque toutes les espèces d'oiseaux, le ramage est un attribut particulier au mâle de l'alouette. On le voit s'élever presque perpendiculairement et par reprises, et décrire en s'élevant une courbe en forme de vis ou de limaçon; il monte souvent fort haut, toujours chantant, forçant sa voix à mesure qu'il s'éloigne de la terre, de sorte qu'on l'entend aisément lors même qu'on peut à peine le distinguer à la vue; il se soutient longtemps en l'air, et descend lentement jusqu'à dix à douze pieds du sol, puis s'y précipite comme un trait; sa voix s'affaiblit à mesure qu'il en approche, et il est muet aussitôt qu'il s'y pose.

« Cette voix si pure et si mélodieuse, loin de s'éteindre dans l'esclavage, s'y conserve et s'y embellit; et si on la prend jeune et qu'on l'élève avec soin, l'alouette devient un des oiseaux les plus précieux, moins encore par la beauté de ses accents naturels que par sa prodigieuse mémoire, qui lui permet de retenir ceux des autres oiseaux et tous les airs qu'on veut lui apprendre et qu'elle répète avec une pureté, une flexibilité d'organe qui leur ajoute de nouveaux charmes, et ne les quitte que pour les embellir. »

On prend en octobre ou en novembre les alouettes mâles destinées au chant. Elles ne tardent pas à s'habituer à l'esclavage, et deviennent familières au point de manger dans la main, sur la table et même dans les assiettes; mais la cage où on les renferme doit être recouverte de toile par le haut, sans quoi, obéissant à l'instinct qui les porte sans cesse à s'élever perpendiculairement, elles ne tarderaient pas à se tuer en se brisant la tête contre le haut de leur prison.

En outre, on revêt le fond de la cage d'une épaisse couche de sable fin, afin que ces oiseaux puissent s'y rouler et chercher un soulagement contre les petits insectes qui les tourmentent. Il est encore bon de placer dans un coin du gazon frais et de le renouveler souvent.

On nourrit les jeunes que l'on prend dans le nid avec de la graine de pavot mouillée, et lorsqu'ils mangent seuls, avec de la mie de pain également humectée, et mélangée à toutes sortes de graines

Lorsque les alouettes commencent à faire entendre leur ramage, on leur prépare une pâtée avec de la viande bouillie et de la mie de pain détrempée dans du lait, à laquelle on ajoute de la graine de pavot, de l'orge, du blé, du millet, du chénevis écrasé ; mais si on leur donne cette dernière nourriture en trop grande quantité, suivant un vieil auteur à qui nous en laissons toute la responsabilité, on pourrait faire *noircir entièrement* leur plumage.

Après deux ans de domesticité, la voix des jeunes mâles atteint son complet développement ; toutefois, pour qu'elle arrive à un degré réel de perfection, il faut qu'on éloigne d'eux tout ce qui pourrait fausser leur goût.

On doit surtout se garder de jamais chercher à faire apprendre aux alouettes plusieurs airs à la fois, et éviter que rien de faux, d'aigre ou de discordant arrive à leurs oreilles ; si quelque chant étranger vient distraire leur mémoire des dernières modulations sur lesquelles on veut fixer leur attention, leur ramage deviendra un mélange confus et bizarre des différents sons qui les auront frappées davantage.

Captives, les alouettes chantent en toutes saisons.

Leur vie se prolonge, en cage, pendant dix à douze ans, suivant quelques auteurs, et jusqu'à vingt et vingt-quatre ans, suivant d'autres.

Trop souvent, ces pauvres prisonniers, placés dans un milieu si différent des habitudes pour lesquelles Dieu les a créés, finissent par devenir épileptiques, surtout quand ils commencent à vieillir.

En liberté, l'alouette femelle, dans nos contrées, commence seulement vers le mois de mai à construire son nid par terre, entre deux mottes ou au pied d'une touffe d'herbe ; elle se sert de petits brins de paille, de menues racines et de crin pour en former un nid plat et presque sans consistance. Elle y pond quatre ou cinq œufs tachés de brun sur un fond grisâtre.

Après quatorze à quinze jours d'incubation, les jeunes éclosent, et quinze autres jours suffisent à la mère pour élever sa couvée, et la mettre en état de se soustraire aux poursuites de ses nombreux ennemis.

Les petites alouettes quittent leur nid de bonne heure, surtout si leur mère découvre aux environs quelques traces ennemies ; il arrive souvent aux chasseurs de trouver la famille délogée longtemps avant le jour où ils comptaient s'en emparer.

A peine les petits peuvent se suffire, que la mère songe déjà à de nouvelles amours et à une nouvelle famille. Dans les pays chauds, elle pond jusqu'à trois couvées.

« Mais, dit Vieillot, que je citais tout à l'heure, qu'on ne croie pas que la tendresse maternelle se taise devant un besoin si actif de se reproduire, et qu'aux soins et à l'affection succède tout d'un coup l'oubli de ses premiers nourrissons ; longtemps encore on la voit voltiger au-dessus de sa couvée sans expérience, la suivre de l'œil avec sollicitude, diriger tous ses mouvements, pourvoir à tous ses besoins, veiller à tous ses dangers, et cet instinct sublime d'amour, de soins et d'abnégation maternelle est même porté si loin dans ce frêle et intéressant oiseau, que loin de n'être, comme dans presque tous les êtres, qu'une conséquence de celui qui les dispose à devenir mères, souvent il le précède de longtemps, et se développe, d'après Buffon, dès l'âge le moins avancé. »

Buffon possédait une alouette qui mangeait à peine seule, lorsqu'on mit dans sa cage trois ou quatre petits d'une autre couvée.

Le jeune oiseau s'éprit aussitôt pour les nouveaux venus d'une affection si vive, qu'il se mit à les soigner, à les nourrir, et à les réchauffer sous ses ailes. Malgré les soins que lui prodiguait son maître, il finit par se laisser mourir d'inanition au milieu des soins tendres jusqu'à l'exagération dont il les entourait, et à la perte desquels aucun oisillon ne survécut.

La question de savoir si les alouettes sont ou non des oiseaux de passage n'est pas résolue. Buffon n'affirme rien à cet égard, et un grand nombre répondent négativement.

Vieillot prétend qu'au commencement de l'hiver l'espèce tout entière se partage en deux bandes, celle des voyageuses et celle des sédentaires; que les premières traversent la Méditerranée et vont se répandre en Syrie, sur les bords de la mer Rouge, en Égypte, en Nubie et en Abyssinie, d'où elles reviennent au retour de la belle saison réparer les pertes énormes qu'ont éprouvées leurs compagnes, qui osent braver dans leur patrie les rigueur de l'hiver et de la guerre acharnée que leur livrent toutes sortes d'ennemis.

Quoi qu'il en soit, il paraît certain que les alouettes, au commencement de la mauvaise saison, se rassemblent en troupes nombreuses et quittent les plaines élevées qu'elles habitent, pour chercher des lieux mieux abrités.

Souvent, lorsqu'il survient un froid rigoureux et imprévu, elles disparaissent comme par enchantement pour revenir dès qu'apparaissent quelques jours d'une température plus douce.

Si le froid se remontre, si la terre reste longtemps couverte de neige ou durcie par la gelée, la misère des pauvres oiseaux devient extrême; ils se rapprochent alors des grands chemins, des lieux habités et négligent même le soin de leur conservation, jusqu'à se laisser tuer à coups de perche ou prendre à la main.

Un oiseau dont les insectes et les chrysalides forment la principale nourriture, doit trouver protection dans les pays où les sauterelles ne sont pas un fléau moins destructeur que la peste et la famine qui marchent à leur suite. Aussi les alouettes ont-elles toujours été tenues en vénération dans le Levant et surtout dans l'île de Lemnos.

Chez nous, au contraire, elles sont l'objet d'une guerre acharnée qui a ses règles et sa tactique fondées sur l'étude du caractère des pauvres victimes. Aussi plusieurs naturalistes affirment-ils que l'espèce a considérablement diminué depuis cinquante ans, et si elle n'est pas encore complètement détruite, on ne le doit qu'à sa fécondité prodigieuse.

Vers le mois de septembre, après le temps des amours, du chant et des soins maternels, lorsque la nourriture foisonne de toutes parts pour elles, les alouettes prennent cet embonpoint, cette chair succulente qui les fait rechercher si favorablement par les gourmets, sous le nom de *mauviettes*, et à laquelle les pâtés de Pithiviers doivent leur réputation. Alors aussi la destruction de ces oiseaux commence, et se continue impitoyablement jusqu'à la fin de l'hiver.

Les chasseurs ne s'en prennent point à des individus isolés, mais bien à des masses considérables d'alouettes, et, par malheur, nul oiseau n'offre plus de prise à ces razzias.

Sa confiance, la douceur de ses mœurs, sa sociabilité, et surtout sa curiosité, ne servent que trop les ruses et les stratagèmes de leurs ennemis. Ceux-ci placent, au milieu des sillons où l'alouette se réfugie, quelques objets brillants, et les mettent en mouvement; le plus souvent un *miroir,* morceau de bois taillé en dos d'âne, supporté par son milieu, et incrusté soit de boutons d'acier ou de cuivre, soit de petits morceaux de glace; tout est bon, pourvu que les rayons du soleil puissent s'y réfléchir. Aussitôt, cédant à une sorte d'instinct, l'alouette accourt, vient papillonner autour de cette lumière inconnue, se met sous les filets, et s'offre sans défense aux plombs des fusils, sans que les détonations qui éclatent de toutes parts, sans que la mort de ses compagnes, dont les cadavres jonchent le sol, lui inspirent une terreur salutaire et la fasse fuir.

Par un temps sombre et froid, par un ciel couvert, ou le soir, après le coucher du soleil, les alouettes volent par troupes, sans s'élever et en rasant la terre; alors les chasseurs, en les effrayant, les forcent à marcher longtemps sans s'élever dans les airs, et les dirigent sous de vastes filets que supportent quelques fourchettes, et fixés à terre par trois côtés. Ces filets n'offrent aux malheureux oiseaux qu'une entrée sans issue et se referment sur eux dès qu'ils y sont engagés. On se sert encore de la *tonnelle muette*, sorte d'énorme sac offrant une ouverture de dix pieds en tous sens, et flanqué à droite et à gauche par de larges filets qui s'agrandissent de manière à réunir dans la tonnelle la bande entière, qui s'y laisse facilement engager.

Cependant ces moyens de destruction ne sont rien en comparaison de la *chasse aux alouettes*.

Cette chasse se pratique dans toute la Lorraine.

Dans une plaine en jachère, on aligne en carré long quinze cents à trois mille branches de saule de trois à quatre pieds, enduites de glu et plantées assez légèrement pour que l'oiseau n'y puisse toucher sans les faire tomber. Des détachements de chasseurs forment en suite autour du terrain où se trouvent les alouettes, un cordon de trois à quatre kilomètres de développement, et rétrécissent lentement le carré en serrant dans son enceinte des milliers d'alouettes. Un commandant supérieur et des chefs sous ses ordres dirigent avec habileté les manœuvres, et forcent les alouettes, souvent après trois heures de soins et de ruses, à entrer, en sautillant et en s'élevant un peu de terre, dans la funeste enceinte. À peine entrées, elles s'empêtrent dans les branches engluées, ne peuvent plus se détacher de cette substance maudite qui paralyse tous leurs efforts, et se laissent prendre à la main. Une chasse de cette nature rapporte souvent jusqu'à cent douzaines d'alouettes.

Une dernière chasse aux alouettes, plus usitée peut-être que les précédentes, parce qu'elle exige moins de frais et moins d'adresse, est la *chasse aux lacets*. Les *lacets* ou *collets traînants* se composent d'un ou deux crins de cheval, disposés en nœud coulant et fixés à des ficelles de plusieurs mètres de longueur. On les tend sur un terrain en jachère, soit dans des sillons nouvellement labourés, soit dans une trouée ouverte à travers la neige, et l'on a soin que les lacets, semés sans ordre ni régularité, s'élèvent de quelques centimètres seulement au-dessus du sol. On jette çà et là du grain, on y place quelques alouettes captives appelées *moquettes*. Les alouettes affamées, et rassurées par la présence d'oiseaux de leur espèce, accourent de toutes parts, et se prennent de la tête aux pieds dans les lacets, où elles meurent étranglées.

De pareilles chasses dévastatrices, par malheur, dépeuplent nos campagnes d'utiles auxiliaires qui détruisent par milliards les insectes nuisibles, et trop souvent des récoltes avortées punissent l'imprudence et l'avidité des chasseurs.

Voici en quels termes, en 1861, M. Bonjean expo-

sait au sénat les funestes conséquences de la destruction des oiseaux :

« Plusieurs milliers d'insectes, doués d'une ef-
frayante fécondité, vivent exclusivement aux dépens
de nos végétaux les plus précieux.

« Le chêne robuste a pour ennemis le lucane, le
*cerambyx heros*, etc.

« À l'orme s'attachent les scolytes destructeurs.

« Les pins et sapins succombent sous les attaques des bostriches, de la nonne, du scolytus ty-
pographus.

« L'olivier voit son bois miné par le *phloeotribus*,
tandis que ses fruits sont dévorés par les larves innombrables de la mouche de l'olivier (*dacus oleæ*).

« La vigne résiste à peine, en certaines localités,
aux ravages de la pyrale.

« Le blé et les autres céréales sont attaqués, dans
leurs racines, par le ver blanc (larve du hanneton),
sur pied, avant la floraison, par le cécidomyie; plus
tard, au moment où se forme le grain, par le charançon (*calandra granaria*).

« Le colza et les autres crucifères ne comptent
pas des ennemis moins nombreux. Plusieurs variétés d'altises détruisent le plant à sa sortie de terre,
d'autres parasites attendent que la silique soit formée pour y élire domicile et se nourrir aux dépens
de la graine.

« Les racines de toutes les légumineuses sont man-
gées par les courtilières et autres insectes fouilleurs,
tandis que la larve de la bruche vit cachée dans les

pois et les lentilles, dont elle ne nous laisse que l'enveloppe.

« Les lamentations des pays vinicoles, au sujet de la pyrale, attestent assez la grandeur du mal, pour ce genre de culture. — De 1828 à 1837, en dix années, et seulement dans vingt-trois communes du Mâconnais et du Beaujolais, représentant trois mille hectares de vignes, les dommages causés par la pyrale furent évalués, d'après un calcul fondé sur des bases fournies par l'administration des contributions, à 34,080,000 francs, soit plus de trois millions par an. Aux Thorins, notamment en 1837, sur une propriété qui rapportait ordinairement 5,000 hectolitres de vin, on n'en récolta que 22. — Le gouvernement dut accorder des dégrèvements considérables sur l'impôt foncier. Plusieurs propriétaires, découragés, vendirent leurs vignes à vil prix ; d'autres les arrachèrent pour y substituer de nouvelles cultures. — Des ravages analogues, quoique moins considérables, furent constatés, à la même époque, dans les départements de la Côte-d'Or, de la Marne, de la Charente-Inférieure, de la Haute-Garonne, des Pyrénées-Orientales et de l'Hérault, et toujours dans les crus les plus fins.

« Quant aux céréales, on n'évalue pas à moins de quatre millions de francs, au plus bas, la valeur de blé que fait avorter, en une seule année, dans l'un de nos départements de l'Est, la seule larve cécidomyique. — Dans une notice spéciale, d'après un grand nombre de faits soigneusement étudiés,

M. Bazin n'hésite pas à attribuer à cet insecte l'insuffisance des récoltes, dont nous eûmes tant à souffrir durant les trois années qui précédèrent 1856 ; dans certains champs, la perte s'éleva à près de moitié de la récolte.

« Pour le colza, une monographie très-bien faite par un des professeurs de l'ancien Institut agronomique de Versailles, a constaté, d'après des expériences faites avec le plus grand soin, sur une récolte dépendant de cet établissement, que, sur 20 siliques, prises au hasard et fournissant 504 graines, 206 graines seulement étaient saines ; le surplus ayant été mangé par les insectes, ou s'était flétri par l'effet de leurs piqûres ; que, par suite, il y avait eu perte, en huile, de 32,8 pour 100 ; et, plus spécialement, que sur une récolte ayant produit 4,500 francs, il fallait compter une perte de 2,700 francs, qui, si elle eût pu être évitée, aurait porté le produit à 7,200 francs.

« En Allemagne, au témoignage de Latreille, la nonne (*phalæna monacha*) a fait périr des forêts entières. — En 1810, les bostriches avaient tellement envahi la forêt de Tannesbuch, située dans le département de la Roër, qu'un décret dut ordonner d'abattre la forêt, et de brûler sur place les branches, racines et bruyères. — Dans la Prusse orientale, il a fallu abattre, il y a trois ans, dans les forêts de l'État, plus de 24 millions de mètres cubes de sapins, contrairement à tous les règlements forestiers, uniquement parce que les arbres périssaient sous les attaques des insectes.

« Dès le commencement des âges, l'homme eût succombé dans cette lutte inégale, si Dieu ne lui eût donné, dans l'oiseau, un auxiliaire puissant, un allié fidèle, qui s'acquitte à merveille de l'œuvre que lui, homme, ne saurait accomplir.

« Ce sont tous les oiseaux purement *insectivores* : les grimpereaux, le pivert, l'engoulevent, le coucou, les différentes variétés d'hirondelles, mais surtout

ces charmants musiciens des champs, tous ces insectivores vulgairement désignés sous les expressions collectives de *petits-pieds* ou *becs fins* : rossignols, fauvettes, traquets, rouges-gorges, rouges-queues, bergeronnettes, pipits, pouillots, roitelets et le troglodyte, cet ami des chaumières, qui, tous à l'envi, nous rendent d'inappréciables services, services aussi gratuits que mal récompensés, parce qu'on ne s'en fait pas une idée suffisamment exacte.

« Permettez-moi donc d'en citer un exemple qui m'est fourni par un des tableaux de M. F. Prévost, relatif au martinet. Dix-huit de ces oiseaux furent tués du 15 avril au 29 août, à la fin de la journée, au moment où ils rentrent au nid. Les insectes, dont les débris furent retrouvés dans les estomacs, ne montaient pas à moins de 8,630, ce qui donne, pour chaque jour et pour chaque oiseau, une moyenne de 483 insectes détruits. Un autre tableau présente des résultats analogues pour la fauvette d'hiver. Et, parmi les insectes ainsi anéantis, figurent précisément les plus redoutables pour nous, le charançon des blés, la pyrale, le hanneton, et une foule d'autres coléoptères destructeurs.

« Or ce que cause de mal un seul de ces insectes, vous pouvez, Messieurs les sénateurs, vous en faire une idée, en vous rappelant que le hanneton pond de 70 à 100 œufs, bientôt transformés en autant de vers blancs qui, pendant une ou deux années, vivent exclusivement aux dépens des racines de vos végétaux les plus précieux. — Le charançon du blé produit 70 à 90 œufs, qui déposés dans autant de grains de blé, s'y développent en larves qui en dévorent le contenu; c'est donc la valeur d'un épi au moins perdue par le fait d'un seul charançon. — La pyrale dépose, sur les feuilles de la vigne, 100 à 130 œufs d'où sortent autant de chenilles, qui, après s'être cachées sous l'écorce pendant l'hiver, en sortent au printemps pour ronger, en mai et en juin, les feuilles et les bourgeons. Voilà 100 à 130 grappes de raisin qu'une seule pyrale détruit en leur germe.

« Et maintenant, si vous rapprochez les deux ordres de chiffres que je viens de mettre sous vos

yeux, en admettant que, sur les 500 insectes détruits en un jour par un seul oiseau, il y ait seulement un *dixième* de ces êtres malfaisants : par
exemple, quarante charançons et dix pyrales (et
ces chiffres sont au-dessous de la vérité), c'est en
moyenne 3,200 graines de blé et 1,150 grappes de
raisin qu'en un seul jour ce petit oiseau vous aura
sauvés.

« Faites la part aussi large que vous voudrez aux
autres causes naturelles qui auraient pu arrêter les
ravages de ces insectes ; réduisez autant qu'il vous
plaira celle de l'oiseau, il en restera toujours assez
pour justifier ce mot profond d'un contemporain :
« L'oiseau peut vivre sans l'homme ; mais l'homme
« ne peut vivre sans l'oiseau. »

« Et, en effet, qui donc, excepté le petit oiseau,
pourrait guetter et saisir le charançon, long de cinq
millimètres, quand, au milieu d'un champ de blé,
il s'apprête à déposer ses œufs dans les grains en
voie de formation ? Qui pourrait saisir le papillon
de la pyrale alors que, dans le même but, il voltige
autour des ceps, ou la chenille du même insecte,
quand elle sort au printemps, longue de quatre à
cinq millimètres ?

« Qui pourrait surtout atteindre ces œufs et ces
larves microscopiques, dont une seule mésange
consomme plus de 200,000 en une année ?

« L'homme, par un étrange aveuglement, se
montre le plus terrible ennemi de ces douces et
utiles créatures. »

# CHAPITRE XV



Revenons maintenant aux autres conirostres.

La mésange proprement dite (*parus*).
La mésange charbonnière (*parus major*).
La mésange petite charbonnière (*parus ater*).
La mésange bleue (*parus cæruleus*).
La mésange huppée (*parus cristatus*).
La mésange nonnette (*parus palustris*).
La mésange à longue queue (*parus caudatus*).
La mésange à moustaches (*parus biarmicus*).
La mésange rémiz ou penduline (*parus pendulinus*).
Le bruant commun (*emberiza citrinella*).
Le bruant ... (*emberiza melanocephala*).

Le bruant fou des prés (*emberiza cia*).
Le bruant des haies (*emberiza cirlus*).
Le bruant des roseaux (*emberiza schœniclus*).
Le bruant des marais (*emberiza palustris*).
Le bruant proyer (*emberiza militaria*).
L'ortolan (*emberiza hortulana*).
Le bruant mytilène ou gavoué (*emberiza lesbia*).
Le bruant des neiges (*emberiza nivalis*).
Le bruant cendrillard (*emberiza cesia*).

Le bruant montain ou pinson des montagnes (*emberiza calcarata*).
Le moineau domestique (*fringilla domestica*)
Le moineau des bois ou friquet (*fringilla montana*).
Le moineau espagnol (*fringilla hispaniolensis*).
Le pinson vulgaire (*fringilla cœlebs*).
Le pinson de montagne ou des Ardennes (*monti fringilla*).
Le pinson des neiges ou niverolle (*fringilla nivalis*).
La linotte ordinaire (*fringilla cannabina*)
La linotte des montagnes (*fringilla montana*).
La petite linotte, le serin du cabaret (*fringilla linaria*)
Le serin de Provence ou cini (*fringilla serinus*).

Peut-être faut-il joindre à cette énumération des oiseaux de France une espèce exotique venant des

des Canaries, mais tout à fait domestique en France, puisqu'elle y peuple partout et qu'elle s'allie au besoin avec le serin de Provence, tout à fait indigène. Né en cage et livré, soit volontairement, soit par hasard, à une liberté qu'il n'a jamais connue, puisqu'il est né en esclavage, le serin des Canaries même, pond en plein air, et se conforme en tout aux habitudes du serin provençal.

L'élève du serin des Canaries remonte en France à une époque assez ancienne, comme l'atteste le récit qu'on va lire.

Parmi les plantes qui fleurissent en ce moment et tapissent le pied des vieux murs ou les coins solitaires, et cherchent même à se conquérir une petite place obscure dans les terrains cultivés, il faut citer en première ligne la *stellaria media* des botanistes, que l'on nomme encore *stellaire*, *alsine*, *morgeline*, et qui n'est autre chose que le véritable *mouron des oiseaux*.

Avant le règne de Charles VI, personne ne s'inquiétait de cette herbe autrement que pour la qualifier de mauvaise et pour l'arracher quand elle poussait dans un champ; chacun la foulait aux pieds, sans y prendre garde, quand on la rencontrait sur son chemin.

Or, à l'époque où la plus terrible des maladies, l'aliénation mentale, vint frapper le pauvre roi, et lorsqu'on eut recouru inutilement pour le guérir à toutes les ressources de la médecine et même à la magie, quelqu'un s'avisa de faire observer qu'on n'avait pas consulté le neveu de l'archiâtre du défunt roi Charles V, Guibert du Celsoy, ou de Salceto, doyen de la faculté de médecine de Paris.

Sans doute le neveu était l'héritier des secrets de son oncle, comme il était l'héritier de sa fortune et de sa maison de la rue Saint-Jacques, adossée à l'église Saint-Séverin, et portant pour enseigne une croix de fer.

On alla donc le quérir chez lui, et bon gré, mal gré, on le mit en présence du royal malade. Antoine Guibert de Celsoy, malgré la solitude profonde dans laquelle il vivait, passait à tort ou à raison pour un médecin de grande valeur comme son oncle, et on a lieu de s'étonner que l'on ne l'eût point mandé plus tôt. Son épitaphe, qu'on lisait encore, il y a quelques années, dans la petite église Saint-Maur, au petit village de Celsoy, près de Langres, affirme, en effet, que :

> Maistre fu es arts excellent
> Et en médecine ensement
> De la praticque souverain
> Pareil n'avoit en corps humain.

Il ne fallait point songer à déclarer incurable la maladie de Charles VI ; car on avait pendu, peu de temps auparavant, deux cordeliers appelés, comme Guibert, en consultation, et qui avaient déclaré la science humaine impuissante contre un mal surnaturel, selon eux. Cette déclaration faite, on les obligea à exorciser le roi, et, le roi se trouvant plus mal après les exorcismes, on envoya au gibet les pauvres moines, sous prétexte qu'au lieu de chasser les mauvais esprits, ils en avaient évoqué de plus redoutables encore.

Donc, Antoine Guibert, après avoir mûrement étudié pendant plus d'une semaine les symptômes de la démence du roi, déclara que toute maladie mettant à s'en aller autant de temps qu'elle en avait mis à venir, et le roi étant malade depuis dix ans, il fallait également dix ans pour obtenir sa guérison.

Après cette sage précaution, il se mit à l'œuvre et préservait à Charles VI, entre autres remèdes, des infusions d'une plante franche dont il faisait grand mystère.

A la grande surprise de ceux qui soignaient le roi, et surtout de damoiselle Odette de Champdivers, on ne tarda point à remarquer que le visage du roi se débarrassait des feux qui l'empourpraient, et que son humeur devenait plus facile. Antoine Guibert, nommé, pour ce premier succès, chapelain de la chapelle de Saint-Jean-Baptiste, dans l'église de Paris, chapellenie qu'avait également obtenue son oncle, ordonna que chaque jour le malade prît, pendant deux heures, un bain préparé avec les mêmes herbes, non-seulement *cuites* en eau bouillante, mais encore jetées fraîches et vives dans la baignoire.

Soit par suite de ce traitement, soit hasard, le roi entra alors dans une des crises de calme et de quasi-intelligence qui caractérisaient sa maladie.

Je n'ai pas besoin de vous dire qu'on cria au miracle, et que chacun voulut connaître quelle était l'herbe efficace dont Antoine Guibert faisait un si grand mystère. En agissant ainsi, il imitait ses confrères, qui tous cachaient avec un soin extrême la nature des remèdes qu'ils avaient découverts.

On épia si bien Guibert, qu'on finit par découvrir que l'*herbe du roi*, — on l'appelait déjà ainsi, — était la morgeline.

Alors chacun, d'abord à la cour, puis à la ville, voulut se mettre au régime d'une plante si bienfaisante, et à laquelle on ne tarda point à attribuer toutes sortes de vertus. La reine Isabeau elle-même voulut prendre chaque jour des bains semblables à ceux du roi, espérant ainsi donner plus de blancheur à sa peau et plus de relief à sa funeste beauté.

Ce fut avec les dons de la reine et les munificences des courtisans que Guibert fit élever, dans son village natal de Celsoy, une église qui subsiste encore en partie, et dans laquelle il consacra à la mémoire de son oncle un magnifique monument, sur lequel on lit l'inscription suivante :

> Médecin fut des rois de France,
> Jehan et deux Charles sans doublance.

Après avoir usé des décoctions de morgeline et pris des bains parfumés des essences de cette plante, on recourut à elle comme à un vulnéraire *résolutif* et *astringent*, et on en composa par la distillation une eau tenue infaillible contre les maux d'yeux ;

bref, on la fit entrer dans la préparation de tous les cosmétiques, et on finit même par la manger en salade et par en composer des potages de santé appelés *soupes au roi*.

Vers la sixième année du traitement de Charles VI, Antoine Guibert, prétextant sa mauvaise santé, se donna des aides et des suppléants, ralentit ses visites à la cour, n'y reparut plus que rarement, et mourut vers 1400, laissant une réputation rivale de celle de son oncle, avec lequel, par parenthèse, on le confond souvent.

Les médicaments et les simples ont, comme les livres dont parle Horace, leur destin, c'est-à-dire qu'après les avoir prônés outre mesure, on les laisse tomber peu à peu dans un oubli profond

> *Sunt certi [illegible]*
> *Ne sit [illegible] la terre relégate*

La morgeline n'en happa pas ce sort commun, non seulement on cessa de s'en servir pour combattre la folie, mais encore les parfumeurs renoncèrent peu à peu à la distiller et à en préparer des cosmétiques, et les ménagères à en servir sur leur table des salades et des soupes au roi.

Le hasard rendit cependant, un siècle après, à la morgeline une partie de sa vogue, et voici en quelles circonstances.

Henri III aimait beaucoup les oiseaux, et surtout les serins, qu'on appelait alors *canaries*, des îles d'où on les supposait originaires. Il en possédait de

belles espèces dont il s'appliquait encore à perfec-
tionner la race par des croisements savamment combinés. Il fallait, selon les idées de cette époque, pour
qu'un serin atteignît la perfection, qu'il fût svelte de
taille, assez haut sur pattes, d'un jaune mat, le bec
fort, et doué d'une voix éclatante.

Henri III s'enquérait de tous côtés des moyens
les meilleurs d'élever les serins. Un de ses courtisans lui apprit qu'en Hollande, où se faisait un
grand commerce de ces oiseaux, on plaçait dans
leur cage des plantes de mouron, qu'ils trouvaient
grand plaisir à becqueter, et qui les préservaient
des maladies épidémiques trop souvent fatales à ces
oiseaux.

Le roi n'eut point de cesse qu'on n'eût rempli ses
cages de mouron. A sa grande surprise, les oiseaux
moururent en masse victimes d'une maladie que l'on
baptisa du nom d'*astriction*, et qui consistait en une
sorte de colique sèche.

On accusa, non sans raison, le mouron d'être
l'auteur de ces sinistres, et on le bannit des volières
du Louvre.

Or, un matin que le roi venait de faire ses dévo-
tions à l'église Saint-Séverin, il passa par la rue
Saint-Jacques; il entendit dans une maison de cette
rue, touchant à l'hôtel de Mortmer et à celle du *Dieu-
d'Amour*, des serins qui chantaient d'une façon
merveilleuse.

Il leva la tête, vit au-dessus de la porte une croix
de fer en guise d'emblème ou d'enseigne, entra sans

façon, et alla droit à une magnifique volière pleine
de serins et garnie de toutes parts de mouron.

« Vous ne savez donc pas que cette herbe maudite
a empoisonné tous les oiseaux du roi ? demanda-t-il à
un jeune homme qui s'avançait pour recevoir le visiteur inattendu.

— Si fait, Monsieur, répondit le jeune homme,
mais c'est parce que les gens chargés d'approvisionner de mouron les cages du roi ont confondu
avec cette plante une autre plante qui lui ressemble
beaucoup; on la nomme anagallide, et on lui attribue, à tort ou à raison, la propriété d'attirer hors
des blessures les fers des flèches. Quoi qu'il en soit,
l'anagallide est un poison pour les oiseaux, tandis
que le vrai mouron, la morgeline, les rafraîchit et
les préserve de male mort. La morgeline porte des
fleurs blanches, et l'anagallide, des fleurs tantôt
d'un rouge de brique, tantôt variant du blanc au
bleu.

— Et où avez-vous appris toutes ces savantes
choses?

— Dans les manuscrits que m'ont légués mes
grands-oncles, archiâtres et médecins des rois Jean,
Charles V et Charles VI, Giraut et Antoine du Colsoy.

— Eh bien! tu seras archiâtre de mes oiseaux, ré-
pliqua le roi en riant. »

Charles du Colsoy ne dédaigna pas d'accepter cette
position officielle à la cour, et depuis lors la morgeline
conserve le privilège de servir de nourriture aux nombreux serins qu'on élève à Paris, où les riches et les

pauvres, les pauvres surtout, aiment passionnément les oiseaux et les fleurs; sans doute par la grande difficulté qu'on éprouve à y élever des oiseaux et à y cultiver des fleurs.

Reprenons maintenant notre nomenclature des oiseaux de France.

Après le serin de Provence viennent parmi les conirostes :

Le venturon commun (*fringilla citrinella*).
Le tarin commun (*fringilla spinus*).
Le gros-bec commun (*fringilla coccothraustes*).

Le verdier (*fringilla chloris*).
Le saulcie (*fringilla petronia*).
Le gros-bec incertain (*fringilla incerta*).
Lé bouvreuil (*fringilla pyrrhula vulgaris*).
Le bouvreuil githagine (*pyrrhula vulgaris*).
Le bec-croisé (*pyrrhula loxia*).
Le bec-croisé-perroquet ou des sapins (*pyrrhula pythiopsittacus*)
Le bec-croisé des pins (*loxia curvirostra*).
L'étourneau commun (*sturnus vulgaris*).
Le corbeau vulgaire (*corvus corax*).
La corneille (*corvus corone*).

Le freux (*corvus frugilegus*).

Le choucas (*corvus monedula spermologus*).

La pie (*corvus pica*).

Le geai (*corvus glandarius*).

Le casse-noix (*corvus caryocatactes*).

Le rollier (*coracias garrula*).

On appelle genre *ténuirostres* les passereaux à bec faible. Ce genre se compose des oiseaux suivants :

Le torche-pot (*sitta europæa*).

Le grimpereau (*certhia familiaris*).

L'échelette ou grimpe de murailles (*certhia muraria*).

La huppe commune (*upupa epops*).

Le crave d'Europe (*corvus graculus*).

On classe parmi les passereaux *syndactyles*, c'est-à-dire dont les doigts de pieds sont réunis par une membrane étroite :

Le guêpier commun (*merops apiaster*).

Le martin-pêcheur (*alcedo ispida*).

Les grimpeurs sont :

Le pic noir (*picus martius*).

Le pic vert (*picus viridis*).

Le pic cendré (*picus canus*).

Le pic moyen épeiche (*picus major*).

Le pic moyen (*picus medius*).

Le pic épeichette (*picus minor*).

Le pic tridactyle ou picoïde (*picus tridactylus*).

Le torcol (*yunx torquilla*).

Le coucou (*cuculus canorus*).

Le coucou geai ou tacheté (*cuculus glandarius*).

Je vais vous conter, à propos des pics, un acte de dévouement et d'intelligence que je tiens de M. Servaux, chef de bureau au ministère de l'instruction publique, et, à ses heures de loisir, ornithologiste passionné. Je le laisse parler :

« A la fin de l'hiver, j'avais remarqué, dans une grande propriété de Montmorency (Seine-et-Oise), deux pics (le pic commun, *picus viridis*), qui avaient commencé à creuser leur nid dans un orme, à environ quatre mètres du sol. Vers le milieu de mai, pensant, à juste raison, qu'ils devaient avoir des œufs, j'appliquai une échelle et montai le long de l'arbre; mais impossible d'introduire mon bras dans l'ouverture : l'arbre était trop épais, et le trou, profond de cinquante centimètres environ. J'essayai, mais en vain, et pendant une demi-heure, d'arriver aux œufs, soit à l'aide d'une branche enduite de glu, soit avec une cuiller en étain recourbée... Enfin, lassé de mes tentatives infructueuses, je me décidai à boucher l'entrée du nid, avec cette espérance que peut-être, pressée de pondre, la femelle déposerait ses œufs (ainsi que je l'ai observé plusieurs fois) dans un trou d'arbre des environs. Je ne m'occupais plus des pics et ne pensais déjà plus à eux, lorsque le soir, vers quatre heures, passant dans cette même allée, j'entendis frapper à coups redoublés sur l'orme que j'avais quitté le matin. Je m'avançai avec précaution et j'aperçus, cramponné à la hauteur du fond du nid, c'est-à-dire à cinquante centimètres plus bas que l'ouverture, un pic qui, tout préoccupé de son opération, ne me vit pas et me laissa approcher jusqu'au pied de l'arbre. Il s'envola alors, et grand fut mon étonnement, lorsque j'entendis continuer, mais intérieurement, dans l'arbre le même bruit que j'avais entendu au dehors. Évidemment j'avais enfermé la femelle dans le nid, sans m'en douter,

et la pauvre bête, couchée sur sa couvée, n'avait pas donné signe de vie le matin, lors de mes tentatives pour lui enlever ses œufs.

« J'appliquai de nouveau l'échelle contre l'arbre, et collai mon oreille à l'endroit où les coups de bec arrivaient sans arrêt et avec une précipitation qui indiquait le désir de la liberté que devait éprouver le prisonnier. Je fis du bruit, elle s'arrêta; mais un instant après elle recommença de plus belle. De son côté, le mâle n'était pas resté inactif, je vous assure, car l'écorce de l'arbre était fortement entamée sur une largeur de cinq à six centimètres, et sur une profondeur de plus de deux centimètres; inutile d'ajouter que ce commencement de trou correspondait juste à celui que la femelle commençait à l'intérieur.

« La captivité forcée que j'avais imposée bien involontairement à la pauvre femelle avait duré assez longtemps, et, après m'être bien assuré du fait que je viens de vous raconter, je retirai la pierre que j'avais mise le matin pour boucher l'entrée du nid. La femelle s'élança immédiatement; mais je la saisis au passage pour l'examiner avec attention. Elle était, comme vous pouvez le penser, extrêmement farouche, très-agitée, les plumes hérissées, le bec tout couvert de sciure de bois, et, lorsque je la lâchai, elle poussa deux ou trois cris en s'envolant. Était-ce la peur que je venais encore de lui causer, ou plutôt la joie de la liberté ?

« En quittant la maison, je fis part au jardinier de

ce qui venait de m'arriver ; il me plaisanta beaucoup, me disant que c'était impossible, attendu que, dans la journée, à plusieurs reprises, il avait vu les deux pics qui frappaient l'orme à l'extérieur, et qui étaient tellement occupés à leur travail, qu'ils continuaient

malgré sa présence, ne s'envolant qu'au moment où il allait les toucher. Je m'expliquai alors l'énorme trou fait en si peu de temps, et qui, bien probablement, n'aurait pas tardé à offrir une sortie à la prisonnière. Pour rendre la liberté à sa femelle, le pic mâle avait eu recours à l'obligeance d'un camarade, de son frère peut-être. »

## CHAPITRE XVI

Les gallinacés. — Le dindon. — Les échassiers. — Les échassiers pressirostres et cultirostres. — Le héron. — Les échassiers longirostres. — Un récit d'Audubon.

L'ordre des gallinacés en France est surtout nombreux à cause des nombreuses espèces domestiques.

Le faisan (*phasianus colchicus*).
Le grand coq de bruyère ou tétras (*tetrao urogallus*).
Le coq de bruyère à queue fourchue (*tetrao tetrix*).
La gelinotte ou poule des coudriers (*tetrao bonasia*).
La lagopède ordinaire ou perdrix des Pyrénées (*tetrao lagopus*).
Le ganga ou gelinotte des Pyrénées (*tetrao alchata*).
Le francolin à collier roux (*tetrao francolinus*).
La perdrix bartavelle (*tetrao saxatilis*).
La perdrix rouge (*tetrao rufus*).
La perdrix gambra (*tetrao petrosus*).
La perdrix grise (*tetrao cinereus*).
La caille commune (*tetrao coturnix*).
Le pigeon ramier (*columba palumbus*).
Le colombin ou petit ramier (*columba oenas*).

Le pigeon bizet (*columba livia*).
La tourterelle (*columba turtur*).
Le coq (*phasianus gallus*).

Il faut ajouter aux gallinacés le dindon (*meleagris galle pavo*). Quoique d'importation relativement récente en France, cet oiseau n'en peut pas moins être compté aujourd'hui parmi ceux qui se trouvent domestiques et même naturalisés chez nous.

Lorsque le roi Charles IX, âgé de vingt ans, épousa le 26 novembre 1570, à Mézières, Élisabeth, fille de l'empereur Maximilien II, on servit sur la table du banquet nuptial un mets dont les convives, raconte un chroniqueur du temps, — c'est d'Aubigné, s'il m'en souvient bien, — ne goûtèrent d'abord qu'avec une extrême défiance, en dépit des éloges des maîtres-queue qui l'avaient acheté au poids de l'or et fait venir d'Espagne à grands frais.

C'étaient deux gros oiseaux farcis de truffes et disposés dans des plats d'or massif, où on les voyait, suivant la coutume usitée pour les rôts à plumes, accoutrés de leur queue, de leurs ailes et de leur tête. Cette tête semblait peu ragoûtante, à cause de son long col tout couvert d'excroissances charnues, et du bas duquel sortait une sorte d'aigrette de crins noirs et rudes.

La jeune reine, la première, pour se montrer brave et plaisante en présence du roi, approcha de ses lèvres mignonnes une aiguillette de la poitrine d'un de ces oiseaux. Elle donna un si grand éloge de sa chair savoureuse et délicate, que les convives ne purent faire autrement que de l'imiter. Chacun donc, *regina ad exemplar*, goûta bravement de ce roi inconnu, et fit chorus d'éloges avec Élisabeth. Après quoi le sire de Biron déclara qu'il fallait introduire en France un oiseau de si haut goût ; le sire de Mesmes appuya fort cette opinion.

Peu de temps après, en effet, quelques dindons, importés d'Espagne à Bourges, s'acclimatèrent dans cette ville, s'y multiplièrent, et ne tardèrent point à devenir fort communs en France, où ils portèrent longtemps le nom *d'oiseaux de la paix boiteuse*. Cela provenant de ce que le sieur Malissys de Mesmes et le sire Biron, qui déclinaient de la partie droite, étaient les auteurs de la paix signée le 25 août, à Saint-Germain-en-Laye, entre les protestants et les catholiques; et, comme nous venons de le raconter, les promoteurs de l'introduction des dindons en France.

Je vous ai parlé des massacres que les chasseurs font des alouettes. Les pigeons, qui appartiennent à la famille des gallinacés, dont je suis en train de vous parler, ne sont pas plus heureux, et l'on en pratique, dans les Pyrénées, d'affreux carnages.

Situées entre la Méditerranée et l'Océan, les Pyrénées offrent un point de repos naturel pour les tribus d'oiseaux voyageurs qui dirigent leurs migrations annuelles tantôt vers le nord, tantôt vers le midi; la chaîne occidentale, moins élevée et moins aride, attire de préférence ces hôtes passagers que la diversité de leur instinct, de leur chant et de leur plumage rend si intéressants à observer.

Dès le printemps, les hirondelles de mer remontent les rivières, qu'elles effleurent d'une aile rapide, suivies par les goëlands, les mouettes, les coupeurs d'eau, dont le nid repose sur les récifs de l'Océan; la huppe se montre bientôt à la pointe des bruyères qui commencent à verdir, et chante en hérissant les plumes de sa jolie crête; le coucou devance dans les bois la naissance des feuilles et fait entendre les deux notes de son couplet monotone.

L'été vient à son tour, avec le loriot, qui, par ses sifflets joyeux et cadencés, semble défier les merles; les vautours, exilés par l'hiver, rentrent en foule dans les montagnes; le barbu prend un essor puissant, avec ses larges ailes dont l'envergure dépasse celle même du grand aigle; l'arrian à tête chauve descend dans les profondeurs des ravins et plane sur les eaux.

Avec l'automne arrivent les mûriers, les becfigues, les étourneaux, les grives, les cailles; tandis que, sur les genêts dorés et les buissons jaunis, les rossignols, les linottes, les chardonnerets et toutes les familles d'oiseaux chanteurs volent par troupes nombreuses, s'appellent vivement, s'assemblent, puis redoublent en chœur des refrains d'adieux, pour aller chercher au loin un autre printemps et une autre patrie.

La colombe océanique, le ramier bleu qui joue un si grand rôle dans la cosmogonie ibérienne, apparaissent dans les Pyrénées en septembre.

Rien n'égale la rapidité de son vol bruyant, et il

est impossible de se faire une idée du fracas qui accompagne ces oiseaux, lorsqu'ils s'abattent par milliers dans les grandes forêts de hêtres.

Les montagnards les chassent avec de grands filets tendus à l'extrémité d'un vallon; le choix du site et l'habileté des chasseurs concourent à le rendre plus ou moins heureuse; les produits en sont assez lucratifs pour faire de chaque *pantière* une propriété importante et privilégiée.

« L'épervier et le hobereau sont les seuls oiseaux de proie que le ramier doive craindre, dit l'écrivain basque Chao; la vitesse de son vol le met à l'abri de tous les autres. » L'épervier, en effet, s'élance de terre perpendiculairement, et se renverse sur le dos pour saisir sa victime, qu'il frappe de son bec tranchant et de sa poitrine osseuse; les ramiers, instruits par l'instinct, évitent son attaque en abattant subitement leur vol.

L'idée de la chasse aux filets est fondée sur cette observation. Les chasseurs se postent sur les collines, dans un rayon d'un kilomètre, à portée des filets, armés de raquettes blanches, dont la forme imite un épervier; leurs yeux perçants ne se détachent point de l'horizon, où d'imperceptibles vapeurs leur font reconnaître chaque volée de ramiers, plus de vingt minutes souvent avant son approche; ils s'avertissent mutuellement par des cris et des signaux, et lancent leurs raquettes avec tant d'intelligence et d'à-propos, qu'ils manquent rarement de faire prendre aux ramiers la direction fatale

L'instant qui cause le plus d'émotions est celui où les pauvres oiseaux se pressent en colonnes, d'un vol étourdissant que précipite la terreur, et donnent tête baissée dans les filets qui tombent pour les

envelopper. Tous les ramiers pris vivants sont mis en volière, vendus, et garnissent la table des montagnards pendant l'hiver. On tue à coups de fusil ceux que l'on sert en automne et qui n'en sont.

dit-on, que meilleurs : on emploie, pour les attirer, des appeaux vivants auxquels on a crevé les yeux.

La venue des oiseaux voyageurs dans une contrée se détermine par la maturité des fruits dont chaque espèce se nourrit. Les uns arrivent aux Pyrénées à l'ouverture des moissons, les autres dans les vendanges. Les grues forment l'arrière-garde de la migration, mais, dirigeant leur vol au-dessus des régions que l'aigle fréquente en été, ces oiseaux passent sans s'arrêter, à moins que le mauvais temps et les brouillards ne dérangent leur ligne de bataille et ne les forcent à descendre. Le héron cendré, le cygne sauvage, le canard et l'oie sauvages, la sarcelle, l'outarde et la cigogne séjournent dans les Pyrénées une partie de l'hiver.

Il y a en France quatre espèces d'échassiers : les *pressirostres* (à bec serré), les *cultrirostres* (en forme de couteau), les *longirostres* (à long bec), et les *macrodactyles* (à grands doigts).

### ÉCHASSIERS PRESSIROSTRES

La grande outarde (*Otis tarda*).
L'outarde canepetière (*Otis tetrax*).
L'oedicnème ordinaire (*Oedicnemus crepitans*).
Le pluvier doré (*Charadrius pluvialis*).
Le pluvier guignard (*Charadrius morinellus*).
Le pluvier à collier (*Charadrius hiaticula*).
Le vanneau gris (*Charadrius squatarola*).
Le vanneau huppé (*Charadrius vanellus*).
L'huîtrier (*Haematopus ostralegus*).
Le court-vite isabelle (*Cursorius isabellinus*).

## ÉCHASSIERS CULTRIROSTRES.

La grue cendrée (*grus cinerea*).
Le héron (*ardea pucuata*).
Le héron cendré (*ardea cinerea*).
Le héron pourpre (*ardea purpurea*).
Le héron à aigrette (*ardea nigreta*).
La petite aigrette ou garzette (*ardea garzetta*).
Le héron crabier (*ardea comata*).
Le grand butor (*ardea stellaris*).
Le bihoreau à manteau noir (*ardea nycticorax*).


Le héron, qu'on regardait au moyen âge comme un oiseau peu courageux, ne mérite point cette accusation. Infatigable et affamé pêcheur, il passe sa vie dans la vase au bord des fleuves; mais il ne faut pas l'attaquer, car nul oiseau ne sait se servir plus vaillamment et plus rudement de son bec robuste et de ses pattes armées d'ongles redoutables.

L'aigle lui-même trouve chez le héron un adversaire que n'épouvante point la force de son ennemi. Belon raconte que, poursuivi par « le roi des airs, » le héron s'élève dans les plus hautes régions de l'atmosphère. Là il passe son bec dans sa propre aile, et présente à l'aigle ce bec, contre lequel celui-ci vient se percer dans l'impétuosité de son vol.

Le naturaliste américain Audubon parle avec un grand enthousiasme du héron du nouveau monde, dont les mœurs, du reste, présentent une grande analogie avec les mœurs du héron français. C'est surtout le bihoreau dont il aime à dire la vie pittoresque et dramatique.

Voici dans quels termes il me la disait lui-même, il y a vingt-cinq ans, durant une excursion scientifique que nous fîmes ensemble au Canada, et telle qu'il la raconte, à peu près de même, dans son bel ouvrage intitulé : *Scènes de la nature aux États-Unis*.

« Le héron de nuit ne quitte pas les États du Midi.

« On l'y trouve en abondance dans les contrées marécageuses, aux environs des côtes, depuis l'embouchure de la rivière Sabine, jusqu'aux frontières est de la Caroline du Sud. Sur toute cette vaste étendue de pays, on peut s'en procurer, quelle que soit la saison.

« Les adultes se tiennent moins au sud que les jeunes ; et des troupes de ces derniers demeurent tout l'hiver dans la Caroline méridionale.

« On les appelle *poulets indiens*, les créoles leur donnent le nom de *gros bec* ; les habitants de la Floride orientale, celui de *poules indiennes* ; quant à la désignation plus singulière de *qua bird*, par laquelle il semble qu'on ait voulu imiter le cri de cet oiseau, elle est généralement usitée dans les États de l'Est.

« Les hérons, sauf pendant la saison des œufs, se montrent défiants et farouches, surtout les adultes ; s'en approcher après qu'ils vous ont aperçu, n'est pas chose facile : ils semblent connaître la distance à laquelle votre fusil peut les atteindre, guettent tous vos mouvements, et, lorsqu'il en est temps, s'enlèvent de leur perchoir. Au moindre bruit, ils partent tous ensemble, en battant vivement des ailes, comme fait le pigeon commun, et l'on dirait que, dans leur fuite rapide, ils se moquent de votre désappointement.

« Au contraire, on les tue sans peine en les épiant aux lieux où ils viennent se reposer pendant le jour.

« Ils y arrivent ordinairement seul à seul ou par petites troupes ; et de sa cachette, sous les arbres, rien n'est plus aisé au chasseur que de les tirer à bonne distance, au moment où ils se posent au-dessus de sa tête. J'ai connu des personnes qui, de cette manière, en tuaient, à deux, de quarante à cinquante en une couple d'heures.

« On peut également en tuer à chaque instant du jour, en les surprenant à l'écart, pendant qu'ils sont occupés à manger, et c'est une chasse qui m'a fréquemment réussi dans les diverses parties des États-Unis, même dans les États du Centre.

« Cependant les hérons se laissent rarement joindre

quand ils sont à terre; ils possèdent une ouïe plus fine encore que le butor américain; celui-ci, lorsqu'il entend du bruit, se tapit parmi les herbes, tandis que le héron de nuit s'envole immédiatement.

« Le héron bihoreau niche en communauté, autour des étangs dont l'eau est stagnante, près des plantations de riz, dans l'intérieur des marais reculés, ou dans la mer, sur quelques îles couvertes d'arbres verts.

« Les héronnières sont établies, tantôt parmi les basses branches des buissons, tantôt sur des arbres d'une hauteur moyenne, ou, au contraire, très-élevés, selon que les uns ou les autres paraissent plus convenables et plus sûrs.

« Dans les Florides, les bihoreaux recherchent les mangliers qui penchent au-dessus des eaux salées; dans la Louisiane, ils préfèrent les cyprès, et, dans les districts du Milieu, les cèdres leur semblent mieux appropriés à leurs besoins.

« Dans quelques-unes de leurs colonies, non loin de Charleston, que je visitai en compagnie de Bachman, nous trouvâmes les nids placés en bas, sur des buissons, serrés les uns contre les autres; les uns à un mètre seulement de terre, les autres à deux à trois mètres, un grand nombre à plat sur les branches; certains, enfin, dans les bifurcations.

« On en apercevait plus de cent à la fois, tous bâtis sur la lisière des buissons et faisant face à la mer.

« Les nids que je vis dans les Florides étaient invariablement placés sur le côté sud-ouest des îles de mangliers, mais plus écartés l'un de l'autre; quelques-uns n'étant qu'à trente centimètres au-dessus de la marque des hautes eaux, tandis qu'il y en avait jusqu'au sommet des arbres, lesquels, toutefois, ne dépassaient guère six à dix mètres.

« Dans la Louisiane, j'en remarquai tout en haut d'immenses cyprès qui n'avaient pas moins de cent pieds; et à côté étaient les nids de l'*ardea herodias*, de l'*ardea abba*, et de quelques anhingas.

« Thomas Nutall affirme que sur une île très-retirée et marécageuse, dans l'étang qu'on appelle *Freshpond*, près de Boston, il existe une ancienne héronnière; de méchants garnements ont beau dérober à plaisir les œufs des pauvres oiseaux, ceux-ci ne se rebutent point, mais se remettent aussitôt à pondre et réussissent ordinairement à élever une seconde couvée.

« Le nid du bihoreau est large, aplati, composé de petits bâtons croisés en divers sens et sur une épaisseur de trois à quatre pouces. Parfois il est arrangé avec si peu de soin, que les petits font la culbute en bas, avant de pouvoir voler.

« Souvent les oiseaux se bornent à réparer ces nids chaque année, et quand ils ont une fois trouvé quelque position qui leur plaît, ils y reviennent périodiquement, jusqu'à ce qu'une catastrophe les contraigne à l'abandonner. Ils ont, au plus, quatre œufs. La coquille est mince et d'un beau vert de mer.

« Trois semaines environ après leur éclosion, la

plupart des jeunes quittent le nid, grimpent le long des branches, auxquelles ils s'accrochent, et parviennent à se hisser jusqu'au sommet des arbres et des buissons, où ils attendent que les parents leur apportent de la nourriture.

« Si vous vous en approchez dans ces moments-là, votre présence jette le trouble parmi les petits et les grands; le croassement que les uns et les autres ont jusqu'à continuellement fait entendre, cesse tout à coup; les vieux s'envolent et viennent planer autour de vous, ou se posent sur les arbres voisins, pendant que les petits s'échappent en rampant dans toutes les directions et tâchent de se sauver. Leur terreur est telle, qu'on en voit qui se précipitent à l'eau, où ils nagent très-vite; bientôt ils atteignent la rive, et courent se cacher partout où ils le peuvent.

« Retirez-vous à l'écart, pendant une demi-heure, et vous êtes certain de les entendre s'entr'appeler de nouveau. Leurs cris s'élèvent graduellement, redeviennent bientôt aussi bruyants que jamais. La puanteur des excréments qui recouvrent les nids abandonnés, les branches et les feuilles des arbres et des broussailles aussi bien que le sol; l'odeur fétide qu'exhalent les œufs cassés et les cadavres des jeunes qui ont péri, jointe à celle du poisson et des autres matières, font, d'une visite à une héronnière, une véritable corvée.

« Les corbeaux, les vautours et les faucons tourmentent ces oiseaux pendant tout le jour; tandis-

que les ratons et les autres animaux carnassiers les
détruisent à la faveur de la nuit.

« La chair des jeunes, tendre, grasse et succulente, est aussi bonne à manger que la chair du
pigeon, et n'a qu'à un très-faible degré ce goût
désagréable qu'on reproche aux autres oiseaux qui,
comme eux, se nourrissent de poissons et de reptiles.

« A cette époque de l'année, on trouve rarement
les vieux hérons parés de ces plumes effilées qui
leur pendent derrière la tête en forme de léger
panache, et ce n'est qu'à la fin de l'hiver suivant
qu'elles repoussent ; mais alors elles atteignent toute
leur longueur en quelques semaines.

« Quand un héron se sent blessé, il cherche
d'abord à se dérober parmi les herbes et les broussailles, où il se foule dès qu'il a trouvé une bonne
cachette. Au contraire, lorsqu'il croit n'avoir aucun
moyen de fuir, il s'arrête, redresse son aigrette,
hérisse ses plumes et se prépare à la défense, en
ouvrant son long bec, dont parfois il administre de
rudes coups ; mais il fait encore bien plus de mal
avec ses griffes. Quand on le saisit, il pousse un cri
fort, rauque et continu, et cherche à tous moments
à s'échapper. »

Un autre échassier, la cigogne, ne présente pas,
en Europe, des mœurs moins curieuses que le héron
en Amérique. Voici ce qu'en raconte M. Martner :

« J'habitais à Strasbourg le troisième étage d'une
haute maison, et de mes fenêtres j'apercevais cinq

ou six nids de cigognes; mais d'un vaste grenier, situé au-dessus, je pouvais voir presque tous ceux de la ville. Ces nids sont tous situés dans le même quartier, dans un espace assez resserré, à l'ouest de la cathédrale, dans un rayon qui ne dépasse pas tout-à-fait quatre cents mètres, ce qui indique dans ces oiseaux un esprit de sociabilité bien prononcé.

« L'arrivée des cigognes a lieu constamment vers la fin de février, et leur départ dans les premiers jours de l'automne.

Leur premier soin, après avoir pris possession de

leur demeure, qui paraît être la propriété d'une même famille, est de réparer les dégâts causés par l'hiver. Les cigognes vont chercher dans la campagne des branchages qu'elles entrelacent très-solidement avec les anciennes constructions, de sorte que les nids ont quelquefois une hauteur de cinquante à soixante centimètres. Ces nids sont placés sur le sommet des cheminées hors d'usage ou couvertes d'un toit plat. Dans les campagnes, les habitants cherchent à les attirer en plaçant sur les cheminées ou sur le pignon de l'église une vieille roue de chariot, et même un petit plancher en bois, pour servir de point d'appui à leurs constructions.

« Les cigognes se répandent dans toutes les parties basses de l'Alsace, qui sont couvertes de grandes prairies entrecoupées de cours d'eau, où elles trouvent facilement leur nourriture. Elle s'arrêtent au pied des Vosges, qu'elles ne dépassent jamais. Cependant il est arrivé une fois qu'un couple de ces oiseaux est venu s'établir à Lunéville, en bâtissant son nid sur la tête d'une statue qui surmonte une tour de l'église principale. Cette statue représente l'archange saint Michel, dont les ailes ont servi à appuyer un des rebords du nid. Cet essai ne leur a pas paru satisfaisant ; car elles ne sont plus revenues. A Saverne, au pied de la côte, il existait aussi un nid très-ancien sur la maison qu'habitait ma famille, et qui était occupé chaque année ; mais à la suite d'un feu d'artifice tiré dans le voisinage, elles ont disparu subitement et n'ont plus reparu. J'ignore si, à cette heure, une nouvelle famille n'en a pas pris possession.

« Pour revenir aux cigognes qui s'abattent sur Strasbourg, j'ai été témoin de plusieurs faits, dont l'un prouve qu'il y a entre ces animaux une entente semblable à celle que l'on remarque chez les hirondelles. Un couple, sans doute jeune et inexpérimenté, s'était établi sur une cheminée vacante, en face de mes fenêtres, le nid s'élevait rapidement; mais, un jour, une demi-douzaine de cigognes, s'apercevant que ce nid se formait aux dépens des leurs, se précipitèrent avec fureur sur le nouvel édifice, en dispersèrent une partie des matériaux, les firent tomber à terre, et en emportèrent le reste dans leur bec. Pour faire ce coup, elles avaient profité de l'absence du jeune couple.

« Ces oiseaux pondent ordinairement deux ou trois œufs; j'ai vu un nid qui contenait cinq jeunes. À mesure que les petits grossissent, leur appétit devient plus fort, et les parents ont fort à faire pour leur apporter la nourriture nécessaire. Un jour, un de ceux-ci arrivant avec la provende, qui paraissait être une couleuvre vivante qui se débattait beaucoup, les petits allongèrent vivement leur bec, chacun d'eux voulant être servi le premier, et piquèrent ou pincèrent probablement leur mère. Celle-ci s'abattit sur le nid en piétinant avec colère pendant quelques instants; puis, inclinant la tête de côté, les regarda fixement pendant quelques minutes, comme pour les menacer. Les cigogneaux ne bougèrent pas, se tinrent parfaitement tranquilles, et reçurent ensuite avec beaucoup de calme la nourriture que la mère leur distribua également.

« Quand les petits sont devenus un peu gros, le nid se trouve trop étroit ; les parents vont se percher, pendant la nuit, sur le faîte des toits voisins. Rien de plus amusant que de voir des enfants s'essayer à voler ; ils se dressent d'abord sur leurs longues pattes, battant gauchement de leurs ailes par un mouvement régulier ; puis ils s'élèvent quelque peu avec le même mouvement, et retombent lourdement dans leur nid. Les parents leur avaient enseigné cet exercice par une manœuvre semblable. Au bout de huit à dix jours, ils peuvent prendre leur vol, en augmentant progressivement les distances. Ils ont quelquefois trop présumé de leurs forces ; on les relève avec soin pour les mettre dans les cours ou les jardins. En captivité, ils se promènent gravement, mais ne se familiarisent pas. J'ai vu à Saverne, dans un établissement de bains, un de ces oiseaux qui, ayant une querelle avec un chien pour un morceau qu'ils se disputaient, a eu la mandibule inférieure brisée. Le pauvre animal devait nécessairement mourir de faim. Un ferblantier fut appelé, lui fabriqua un fragment de bec en fer-blanc qui fut rajusté à la partie restante au moyen de petits clous, et dont le blessé se servit fort bien.

« Le départ des cigognes a lieu de bonne heure ; je crois que c'est au commencement de septembre. Déjà longtemps avant cette époque les nids sont

viles; pères et enfants vont passer la journée dans
les champs, au bord des ruisseaux, des mares, où
ils trouvent de petits poissons, des grenouilles,
des souris, de gros insectes, car tout leur est bon
et ils ne reviennent que dans la soirée, où ils vont se
percher sur les toits. Quelques jours avant le départ,
on voit toutes les cigognes rangées à côté les unes

des autres, sur le toit très-élevé et très-aigu de l'église
appelée le Temple-Neuf, qui sert au culte protestant.
On les entend, pendant la nuit, claqueter continuellement de leurs becs, comme pour se concerter; puis,
un beau matin, on n'en aperçoit plus une seule : elles
sont parties au point du jour. »

Après les échassiers vraiment, dans la série des oiseaux
ers de France, les *cultirostres* :

La spatule blanche (*platalea leucorodia*).
La cigogne blanche (*ciconia alba*).
La cigogne noire (*ciconia nigra*).
La cigogne maguari (*ciconia maguari*).

Cette dernière espèce est assez rare en France;

cependant on en tue presque chaque année quelques individus à l'époque du passage de ces oiseaux.

Passons maintenant aux *échassiers longirostres*

L'ibis vert ou non (*scolopax falcinellus*).
Le courlis (*scolopax arquata*).
Le petit courlis ou courlieu (*scolopax phœopus*).
La bécasse ordinaire (*scolopax rusticola*).
La double bécassine (*scolopax major*).
La bécasse sourde (*scolopax gallinula*).
La barge rousse (*scolopax limosa rufa*).

La barge à queue noire (*scolopax melanura*).
La maubèche ou bécasseau noirâtre (*tringa maritima*).
La bécasse de Lemmink (*tringa Lemminkii*).
La bécasse échasse (*tringa minuta*)
La maubèche canut (*tringa cinerea*).
Le sanderling variable (*charadrius calidris*).
L'alouette de mer ou bécasseau brunette (*tringa cinclus*).
Le bécasseau cocorli (*scolopax subarquata*).
Le combattant (*tringa pugnax*).
Le tourne-pierre à collier (*tringa interpres*).
Le chevalier aux pieds verts (*scolopax glottis*).
Le chevalier noir (*totanus fuscus*).
Le chevalier gambette ou aux pieds rouges (*totanus calidris*)
Le petit chevalier aux pieds verts (*totanus stagnatilis*).

Le cul-blanc (*tringa ochropus*).
Le chevalier sylvain ou des bois (*tringa glareola*).
Le chevalier guignette (*tringa hypoleucos*).
L'échasse à manteau noir (*himantopus melanopterus*).
L'avocette à nuque noire (*recurvirostra avocetta*).

ÉCHASSIERS MACRODACTYLES.

Le râle d'eau d'Europe (*rallus aquaticus*).
Le râle des genêts ou roi des cailles (*rallus crex*).
Le râle tacheté ou marouette (*rallus porzana*).
Le baillon (*rallus Baillonii*).
Le râle poussin (*rallus pusillus*).
La foulque commune (*fulica chloropus*).
La macroule ou morelle (*fulica atra*).
La perdrix de mer ou glaréole (*glareola glareola*).
La perdrix de mer ordinaire ou glaréole à collier (*glareola torquata*).
Le flamant rouge (*phœnicopterus ruber*).

Les palmipèdes, c'est-à-dire les oiseaux qui portent des espèces de palmes aux pattes, pour en unir les doigts et les rendre propres à la natation, se divisent en *palmipèdes plongeurs*, en *palmipèdes longipennes*, ou à longues plumes des ailes et grands voiliers, en *palmipèdes totipalmes*, c'est-à-dire à palmes très-grandes, et en *palmipèdes lamellirostres*, c'est-à-dire à bec en forme de lames.

PALMIPÈDES PLONGEURS.

Le grèbe huppé (*colymbus cristatus*).
Le grèbe à joues grises (*colymbus rubricollis*).
Le grèbe cornu (*colymbus cornutus*).
Le grèbe oreillard (*colymbus auritus*).
Le grèbe castagneux (*colymbus minor*).

Le grand plongeon (*colymbus glacialis*).
Le plongeon lumme (*colymbus arcticus*).
Le petit plongeon (*colymbus septentrionalis*).
Le grand guillemot (*colymbus troile*).
Le guillemot à miroir blanc (*colymbus grylle*).

Le pigeon du Groënland ou guillemot na'u (*colymbus alle*).

Le pingouin ou macareux moine (*alca arctica*).

Le pingouin commun proprement dit (*alca torda*).

Presque tous ces oiseaux n'habitent la France qu'une partie de l'année, et voyagent d'une contrée à l'autre, selon les changements de température et les saisons.

Les *palmipèdes longipennes*, ou grands voiliers, sont des familiers de la mer, et on ne les rencontre guère que dans nos ports, où ils vivent aux dépens des poissons qu'ils pêchent ou des coquillages qu'ils ramassent sur les rivages.

Le pétrel puffin (*procellaria puffinus*).
Le pétrel manks (*procellaria Anglorum*).
Le pétrel leach (*procellaria Leachii*).
Le goéland à manteau gris ou bourgmestre (*larus glaucus*).
Le goéland à manteau noir (*larus marinus*).
Le goéland à manteau bleu (*larus argentatus*).

La mouette ou mauve à pieds jaunes (*Larus fuscus*).
La mouette à pieds bleus (*Larus* [illegible]).
La mouette tridactyle (*Larus tridactylus*).
La mouette rieuse (*Larus ridibundus*).
Le stercoraire ou labbe à longue queue (*Larus parasiticus*).
L'hirondelle de mer pierre-garin (*Sterna hirundo*).
La petite hirondelle de mer (*Sterna minuta*).
L'hirondelle noire de mer (*Sterna* [illegible]).
L'hirondelle de mer moustac (*Sterna* [illegible]).
L'hirondelle de mer à bec noir (*Sterna* [illegible]).
L'hirondelle de mer [illegible] (*Sterna* [illegible]).

Nous voici arrivés aux *palmipèdes totipalmes*, composés d'un seul ordre d'oiseaux, peu communs, et qu'on ne rencontre, pour ainsi dire, que par accident en France. Quoi qu'il en soit, les naturalistes les placent parmi les oiseaux indigènes; or, dans cette énumération des oiseaux de France, je me contente d'exposer les classifications reçues, sans les discuter.

Le pélican ordinaire (*Pelecanus onocrotalus*).
Le grand cormoran (*Pelecanus carbo*).
Le cormoran nigaud ou petit cormoran (*Pelecanus graculus*).
Le fou de Bassan (*Pelecanus Bassanus*).

Les palmipèdes lamellirostres sont, au contraire, nombreux et presque vulgaires, car plusieurs appartiennent aux espèces domestiques.

Le cygne sauvage (*Anas cygnus*).
Le cygne tubercule (*Anas olor*).
L'oie des neiges (*Anas hyperborea*).
L'oie vulgaire (*Anas anser*).
L'oie sauvage (*Anas* [illegible]).
L'oie rieuse (*Anas* [illegible]).
L'oie bernache (*Anas bernicla*).
L'oie cravant (*Anas* [illegible]).

Le canard macreuse (*anas nigra*).

La double macreuse (*anas fusca*).

Le canard eider (*anas mollissima*).

Le canard arlequin (*anas histrionica*).

Le canard garot (*anas clangula*).

Le canard milouin (*anas ferina*).

Le canard siffleur huppé (*anas rufina*).

Le canard millouinan (*anas marila*).

Le canard morillon (*anas fuligina*).

Le canard souchet (*anas clypeata*).

Le canard tadorne (*anas tadorna*).

Le pilet ou canard à longue queue (*anas acuta*).

Le canard sauvage (*anas boschas*).

Le canard Chipeau ou ridenne (*anas strepera*).

Le canard siffleur (*anas penelope*).

La sarcelle ordinaire (*anas querquedula*).

La petite sarcelle (*anas crecca*).

Le grand harle (*mergus merganser*).

Le harle huppé (*mergus serrator*).

Le petit harle ou harle Piette (*mergus albellus*).

## CHAPITRE XVII

Je n'ai pas voulu interrompre cette dernière lettre pour vous raconter quelques détails de nature assez curieux, et qui se rattachent à la fois à l'histoire des oiseaux de proie et à celle des palmipèdes lamellirostres.

N'allez pas croire que les naturalistes ne sachent point, quand ils le veulent, ... donner le spectacle émouvant de chasses bizarres et brutales ou surprises, et savamment machinés à rendre jaloux M. Dennery. Un ornithologiste, qui habite près de la forêt de Fontainebleau, vient de me raconter un roman vrai, que je veux vous redire, et qui produira, je le tiens pour certain, un peu de l'émotion que je ressens encore en prenant ma plume.

Cet ornithologiste avait remarqué, tout près d'un petit étang, au plus touffu des rameaux d'un chêne, le nid d'une buse. L'oiseau de proie, chaque soir, au moment où paraissait le crépuscule, se mettait en chasse avec sa femelle, s'élevait dans les airs, y virait ou y planait et se laissait tomber tout à coup sur les mulots, les couleuvres et les autres petits animaux qui profitaient eux-mêmes de la tombée du jour pour sortir de leur refuge et se procurer leur souper.

Bientôt le mâle seul se montra au dehors du nid; la femelle ne l'accompagnait que rarement, et se hâtait de retourner chez elle.

L'ornithologiste en conclut qu'elle avait pondu et qu'elle commençait à couver.

Cette réflexion lui vint tandis qu'il se promenait dans sa basse-cour, au milieu des poules, des canards et des oies.

Tout à coup une pensée bizarre lui passa par l'esprit : il prit quatre œufs d'oie, les enveloppa soigneusement de son mouchoir, arma ses jambes de ces crochets de fer dont les bûcherons se servent pour grimper aux arbres, et se mit à escalader bravement le chêne jusqu'à la hauteur du nid des buses, qui se trouvaient en ce moment toutes les deux entraînées par la chasse d'une bande de moineaux à trois ou quatre cents mètres de là.

Il prit les œufs blanchâtres et tachetés de jaune, qui reposaient douillettement dans le nid, sur une couche de laine et de plumes, y substitua les œufs d'oie qu'il avait apportés, et se hâta de regagner terre. Il était temps ; les deux buses, gorgées de butin, revenaient à tire-d'aile.

Rentré dans sa basse-cour, il plaça les œufs qu'il venait de conquérir dans le coin du poulailler, où une oie avait pondu les œufs qui maintenant se trouvaient dans le nid des buses.

Après quoi il monta sur le toit de sa maison, disposé en observatoire, et braqua un télescope, qui s'y trouve à demeure, vers le chêne des buses.

Les deux oiseaux parurent d'abord s'apercevoir qu'on avait touché à leur nid. Ils tournoyèrent avec inquiétude pendant quelques secondes avant que d'y entrer ; la femelle la première y pénétra, retourna deux ou trois fois avec son bec les œufs de l'oie, finit par se coucher dessus, et recommença à couver.

Il en fut de même dans la basse-cour. L'oie se mit consciencieusement à la besogne, et couva sans soupçonner la substitution d'œufs dont elle était victime.

Plusieurs fois chaque jour, le naturaliste plaçait son œil droit sur le télescope, et voyait où les choses en étaient sur le chêne et comment elles s'y passaient.

Un matin, jugez de son émotion, il aperçut dans le nid quatre petits oisillons.

Tandis que le mâle veillait sur une branche voisine, la buse femelle s'abattit sur l'étang, y prit dans ses serres une poignée de têtards de grenouilles et les apporta à ses soi-disant petits, qui les arrachèrent à la buse, les froissèrent dans le nid, et, après une courte lutte, engloutirent cette nourriture, appropriée par hasard à leur nature.

Chaque soir et chaque matin, la buse continua le même manége. L'étang s'étendait, pour ainsi dire, au pied du chêne, et foisonnait de têtards et de petites grenouilles; il suffisait à la nourrice de baisser son bec ou d'ouvrir ses serres pour en récolter à foison.

Tout allait donc au mieux, quand, à trois ou quatre jours de là, les oies nouveau-nées commencèrent à éprouver une agitation qui causait à leur mère supposée autant de surprise que d'angoisse. Elles se penchaient sur le bord du nid et poussaient des cris mélancoliques, en remuant les ailes et en tendant le col vers l'étang. Si bien qu'une fois le plus fort des poussins n'y tint plus, s'élança, ouvrit ses ailes en guise de parachute, et tomba, un peu étourdi, dans les hautes herbes; il ne lui fallut pas longtemps pour se remettre. Il se releva bientôt, courut à l'étang et s'y mit à barboter avec un bonheur ineffable en appelant ses frères par des cris de joie.

En voyant le petit qu'elle avait couvé courir vers l'eau fort profonde de l'étang, la buse s'élança à tire-d'aile et voulut arrêter l'imprudent, qui nageait avec plus de volupté que jamais. Il virait de droite et de gauche; il naviguait la queue au vent et les ailes à demi étendues, sans tenir compte de sa nourrice, qui rasait l'eau, jetait des cris d'alarme et suppliait le nageur de revenir à terre.

Une fois même elle voulut employer l'autorité, et se rua sur le désobéissant pour le saisir de ses serres, l'enlever et le ramener au nid; mais l'oie plongea, disparut sous l'eau et ne revint se montrer qu'à dix pas de l'endroit où elle avait disparu.

La buse, consternée, retourna à son nid. Hélas! elle y trouva la sédition.

Les frères du fugitif avaient entendu les cris qu'il poussait en se baignant dans la mare. Ces cris éveillaient puissamment en eux l'instinct aquatique. Rassemblés sur le bord du nid, ils cancanaient d'une manière bien humiliante et bien affligeante pour les oreilles de l'oiseau de proie.

Une sorte de lutte s'engagea entre les petits révoltés et la buse; puis, la colère et la résistance faisant disparaître la peur qui les retenait encore au logis, ils s'élancèrent tous les trois, arrivèrent et coururent rejoindre leur frère dans la mare.

Alors la douleur de la buse ne connut plus de bornes, et elle s'élança dans l'étang à la poursuite des fugitifs. Elle battait l'eau de ses longues ailes, elle jetait des cris dont l'observateur se sentait ému, tant le désespoir et la maternité y parlaient hautement. À la fin, et après une lutte et des supplications de plus d'une heure, ses pattes s'embarrassèrent au milieu des herbes de l'étang. Brisée par la fatigue, elle s'empêtra de plus en plus dans ces herbes et dans la vase, et elle finit par rester immobile et inanimée à côté des oisillons, qui se mirent insoucieusement à becqueter les plumes de celle qui était morte par amour pour eux.

Cependant l'oie à laquelle on avait confié dans la basse-cour les œufs de la buse, les couvait avec sollicitude et comme s'ils eussent été pondus par elle. Un beau matin, pendant que le naturaliste examinait de sa fenêtre les volailles qui s'ébattaient sur le fumier, autour d'une sorte de petite mare, il vit la couveuse sortir tout à coup du nid qu'elle s'était construit dans un des angles du mur, qu'abritait un auvent en bois.

Quatre petites buses couvertes d'un duvet blanchâtre ouvraient leurs larges becs jaunes, et poussaient des cris significatifs de bon appétit.

L'oie, en entendant ces cris, s'était élancée de son nid. Plongée à demi dans la mare, elle appelait les nouveau-nés, et les conviait à venir avec elle prendre les plaisirs du bain. Les buses ne bougeaient point de leur place, par la raison bien simple que leurs pattes se trouvaient encore trop faibles pour supporter leurs corps et qu'elles ne comprenaient rien d'ailleurs aux appels de leur soi-disant mère. L'oie, impatientée, quitta la mare, s'approcha de la nichée et finit par soulever les oisillons à l'aide de son bec.

Ils se prirent à crier de plus belle, mais sans faire un seul pas.

Cependant l'oiseau aquatique, par un coup d'aile, dispersa les petites buses, les flaira de son bec une à une, les tourna, les retourna dans tous les sens, et les examina avec une attention mêlée de surprise.

Quand elle se fut bien convaincue que les poussins qu'elle avait couvés n'apprendraient pas à nager sous ses yeux et qu'elle se trouvait victime d'une supercherie, elle se mit sur les quatre pattes, les frappa à coups

de bec, les retira sous ses pattes palmées, les saisit l'un après l'autre, et alla les jeter dans la mare, ce qui acheva de les tuer.

Après quoi, elle les plongea, les détrempa long-temps dans l'eau, et finit par les dévorer.

Ainsi l'oiseau de proie mourut victime de ses illusions maternelles, et l'oiseau de basse cour prit brutalement son parti de la déception causée par sa couvée hétérogène.

Ce n'est guère là un plaidoyer bien en faveur de la civilisation des bêtes.

Puisque nous voilà dans la ferme et dans le poulailler, laissez-nous vous montrer encore les gallinacés, faisant le profit et la gaieté de cette ferme, tels que les dépeint, dans son *Théâtre de l'agriculture et Mesnage des champs*, le seigneur du Pradel, Olivier de Serres.

Il commence par recommander méticuleusement tous les soins qu'exige la *poulaille commune et la façon de son logis*, pour employer ses propres expressions.

« Afin que nostre maison contienne non-seulement ses nécessitez, mais aussi quelques délices et voluptez, telles qu'honnestement on les peut souhaiter : après l'auoir fournie du principal bestail, ensuite nous la meublerons de l'autre : dont l'ornement est en augmentation de reuenu, assauoir de toutes espèces de volailles.

« La nourriture de la poulaille est si vulgaire, qu'il semble estre chose inutile d'en traiter particulièrement, estans doctes en ce gouuernement les plus simples femmelettes, car il n'y a tant pauvre metairie, où la poulaille ne face la première nourriture. Néantmoins, és diuerses obseruations, mieux entendues en vn endroit qu'en autre, representées à nostre mere de famille, à laquelle proprement ce negoce appartient ; tousiours apprendra-elle quelque chose, pour rendre ceste sienne nourriture plus fructueuse.

« Est à noter qu'il y a plusieurs et diuerses races et especes

la poulaille, domestiques et estrangeres, dont se compose
ceste nourriture, lesquelles est besoin de discerner pour les
gouverner toutes selon leur particulier naturel. Les poules
domestiques ou communes sont celles dont de toute ancien-
neté la race en est entre nous, differentes néantmoins en
quelque chose entre elles, comme en grandeur de corps, en
couleur, quantité de plumage ; non pourtant, de divers naturel, ayant toutes tres-bonnes, ne cedans en delicatesse à
nulles autres, et dont les œufs sont les premiers en santé.
Touchant les estrangeres, celles d'Inde, appelées *Meleagrides*,

sont les plus cognues, naturalisées en ce Royaume, depuis
quelque temps, desquelles la conduite s'est rendue usée par
usage. Apres sont les *Gelinotes*, dites de Numidie, especes
de faisan, puis les poules d'eau, le héron, l'outarde, le butor
brun, l'aigrette. Aussi d'autre volaille nourrit-on, comme
perdrix, sarcelles, grues, oisons et gans, et semblables
passageres, aquatiques et terrestres : toutes toutesfois difficulté ; mais c'est aussi pour grands seigneurs qui regardent
plus au plaisir qu'au profit, sans se soucier de la despence.
Les cygnes et paons ne seront repetés, par estre estimables
diversement néantmoins, pour la diversité de leur naturel.
Ca non sans grande peine esleue-on le cygne en lieu qu'il
s'est accoustumé ; mais le paon, facilement presque partout

Quant à la volaille aquatique, outre le cygne c'est l'oye et les canes communes et d'Inde, qui y tiennent le principal rang, desquelles deux dernieres sort vne troisiesme bastarde race quand le canard d'Inde et la cane commune s'accouplent ensemble.

« Est nécessaire, pour un preálable, donner logis commode à chacune espece de ces volailles, sans lequel elles ne profiteront à moitié de leur denoir : d'autant que ces bestes, petites ou grandes, ne peuuent que mal-aisement subsister parmi l'autre bestial, s'en perdant tousiours quelqu'vne en trepignant et mordant, le fort opprimant le foible. Les plumes et le fiens de la volaille sont pernicieuses à toute sorte de bestial gros et menu : pour laquelle considération doit-on separer ces animaux-ci d'auec les autres; afin que chacun soit logé à l'aise et à part. Ioint que ceste raison s'y adjouste, que les œufs en ce meslange sont subjets à se perdre : d'autant que les bestes les cassent, les mangent, et les larrons les desrobent, chose notable, pour ne se priver de telle commodité, premier reuenu de la poulaille et de la cane commune.

« Selon l'ordonnance des antiques, nos géliniers ou poulaillers auront leurs principales veuës tournées vers l'orient d'hyver, afin que la poulaille soit eschauffée du soleil à son leuer. Et si voulons du tout suiure leur avis, joindrons les poulaillers au four, ou à la cuisine; en les accommodant de telle sorte, que la fumée en sortant penetre jusqu'à la poulaille, pour leur santé. Ce conseil n'est receu, pour plusieurs incommoditez que la poulaille apporte dans la maison, la salissant de la fiente, et l'importunant par sa crierie : pour laquelle cause la logerons-nous tant loin qu'il est possible de l'habitation des hommes. Ce sera donques en la prairie des estableries la plus esloignée de la maison que dresserons nos poulaillers; en lieu toutesfois le plus chaud que pourrons choisir. Nous en bastirons trois ou quatre contigus et arrangez de sorte, l'vn joignant l'autre (et tous ensemble, en l'aspect du ciel cy-dessus noté) c'est assauoir, vn pour chacune espece

Et particulierement, en chacun poulailler aura vne porte pour les personnes y allans et venans : laquelle on asserra où le mieux s'accordera, car en cela n'y a aucune sujection, horsmis touchant l'aspect du septentrion, lequel conuient euiter à cause des froidures.

« Les murailles en seront de bonne estoffe, bien basties et maçonnées, proprement blanchies et dehors et dedans. En leur espesseur seront espargnez des trous pour les nids de la volaille : et joignant iceux pressez leurs juschoirs, qu'on disposera selon le particulier desir de chacune espece, ainsi qu'on verra cy après. Outre lesquelles retraites est besoin faire des petits cabinets dedans la maison ou ailleurs, en endroit chaud, pour y mettre couuer les poules et y esleuer les poussins de toutes sortes et especes ; jusqu'à ce que fortifiez, puissent mesler auec les autres de plus grand aage, et qu'exemps du danger d'estre foulez aux pieds et par les hommes et par les bestes, ou mangez par chiens et pourceaux, selon leur inclination, puissent seurement s'agrandir. Au défaut desquels cabinets, seruiront les grandes cages, à ce proprement accommodées.

« Au logis de ceste sorte poulaille, aura deux ouuertures du costé de l'orient d'hyver ; l'une sera vne fenestre large d'vn pied, et longue de deux, pour esclairer le dedans, à quoy telle mesure suffira. Laquelle fenestre, pour seureté, sera ferrée auec des barreaux de fer mis dans l'espesseur du mur, et au devant d'iceux plaqué un petit treillis de fer d'archail, fait à la façon de cage, pour empescher l'issuë à la poulaille et l'entrée aux rats, fouines, bellettes et semblables ennemis des poules. L'autre ouuerture seruira d'entrée et de sortie à la poulaille, qu'à telle cause l'on fera à la proportion de leur corps, qui pourra estre de huit à neuf poulces en quarreure ; pour monter à laquelle, on y accommodera au devant une eschellette portant plusieurs petits degrez, par lesquels la poulaille se rendra aisement dans le gelinier. Telle entrée fermera on à clefs tous les soirs, la poulaille estant retirée, et

tous les matins ouverte pour l'en faire sortir, et donner ès champs pour paistre, auquel temps sera facile de recognoistre ce bestail-là en sortant de rang, et là-dessus faire son compte. Environ six pieds sur la chaussée ou le pavé du dedans, sera poser ceste entrée, qui peut revenir à la hauteur d'un homme depuis terre. Et justement à son niveau, asseoir on le juschoir sur lequel les poules dès leur entrée se rendront sans monter ne descendre, et de là, par mesure mesure, aux troux et nids, pour aller pondre, qu'à telle cause l'on fera joignant le juschoir. Il sera composé de perches de bois espaisses, pour mieux la poulaille s'y affermir, qu'estans rondes; lesquelles perches ne seront espargnées en ceste entrée, à ce que le juschoir estant fait bien à point, contienne toute vostre poulaille.

Voilà le logis préparé, reste maintenant à le meubler du meilleur bestail qui sera possible. La plus souhaitable race des poules est celle qui, avec la délicatesse de la chair, fournit les œufs en abondance, la plus-part des saisons de l'année. Telles qualitez se trouvent le plus souvent en celles qui sont de moyenne corpulence, qu'es autres trop grandes ou trop petites, et ès noires et tanées qu'es blanches, emplumées de couleur claire. Les noires par dessus les autres sont tenues des médecins, pour la qualité de leurs œufs, qui sont fort sains, et de la mesnagere pour l'abondance; attendu que les poules de pennage noir sont plus poneuses et nourrices que celles de blanc. Pour ceste cause aussi sont tenues pires les blanches, qu'elles sont plus subjettes aux oiseaux de proye que les noires, par facilement se descouvrir de loin leur couleur. La creste pendante d'une poule est signe certain de fertilité; la couleur jaune ès pieds et jambes, de délicatesse et santé de la chair.

En outre choisirons-nous la poule tenant des qualitez du coq, le plus que faire se pourra representées comme s'en suit:

Que le coq soit de moyenne taille, toutefois plus grand

que petit : de pennage noir ou rouge-obscur : ayant les pieds gros, garnis d'ongles et de griffes, avec les ergots forts et acérez : les jambes fortes, et tout cela de couleur jaune : les cuisses massives et fournies de plumes : la poictrine large : le col eslevé et fort garny de plumes de diverses et variantes couleurs, comme dorées, jaunes, violettes et rouges : la teste grosse et eslevée, la creste rouge comme escarlate, grande, redoublée, crepelüe : le bec gros et court : les yeux noirs et brillans : les oreilles larges et blanches : la barbe longue et pendante, les aisles fortes et bien fournies de pennage : la queuë grande et haute, la portant redoublée par-dessus la teste, si toutefois il a queuë : car des esquenez s'en trouve de fort bons. Sera aussi le coq cueillé, courageux, remuant, robuste, prompt à chanter, affectionné à défendre ses poules et à les faire manger.

« Ceste est la plus commune poulaille et dont le profit est asseuré, laquelle l'on accompagnera de celle de la grande sorte presque eplumée, pour avoir des grands chapons, comme ceux du Mans et de Laudunois; de naine et petite aussi, pour l'abondance des œufs; de frisée et semblables plai-antes à voir, pour la diuersité, et avec ce utiles. »

On ne saurait assurément rien lire de plus charmant, et Buffon lui-même n'atteint pas à la naïveté et au charme du tableau que je viens de mettre sous vos yeux.

« La mere de famille, continue Olivier de Serres, pour son soulagement, commettra au gouvernement de sa poulaille la plus experte et diligente de ses servantes, se reservant toutefois la principale intelligence de ce negoce. Laquelle servante, par charge expresse, aura le soin de nourrir la poulaille, l'enfermer, l'ouvrir et souvent recognoistre : et en somme sans obmission d'aucun article, concernant telle fatigue, conduira la volaille. Comme, de retirer les œufs des poules de jour à

en nourrir entierement (car la viande serait trop chere) ains
pour leur eueiller l'appétit, les en paissans par fois. On se
prendra garde qu'elles n'ayent faute de ces viures; que l'eau
nette et claire leur abonde aussi; que le fumier soit souuent
osté, et la paille de leurs nids de mesme remuée.

« C'est une trop grande curiosité que de faire esclorre les
œufs de poule, sans les mettre couuer sous aucune volaille.
Cela se fait néantmoins en vn petit fourneau, à cela accom-
modé et eschauffé par le dessous d'vn feu continuel, esgal et
non trop fort : duquel les œufs sont eschauffés, et dans dix-
huit ou vingt jours les poussins en sortent avec esbahisse-
ment. Le fourneau est de fer ou de cuiure, vouté en rond par
le dessus, à la manière de ceux à cuire le pain : paué de
mesme matière, droitement et sans aucune pente, comme vn
plancher. Dessus lequel sont arrengez les œufs, entre-meslez
auec de la plume, et couuerts d'vn oreiller de plume bien
mollet. Le feu continuel et esgal est donné à tout le fourneau
par quatre lampes tousiours allumées, posées de telle sorte,
que leur flamme touche le dessous du dit plancher, qui la
communique à tout le fourneau et aux œufs qui sont dedans,
lesquels sont aussi eschauffez par la reverberation dudit fourneau. Pour plus grande aisance, faudra que le dessus du fourneau soit tout d'vne piece, en forme d'vne cloche en timbre,
vn peu platte, ayant vn petit anneau en la sommité du dehors,
pour la retirer estant eschauffée, quand on voudra remuer les
œufs; ce qu'il faudra faire vn couple de fois durant la couuée...
Faudra aussi que le plancher estant de figure ronde, enuiron
d'vn pied de diametre, aye sur sa circonference au bord vn
rehaussement d'vn poulce de haut, et qu'il soit tellement
espais, qu'vn petit canal y puisse estre fait, dans lequel on
vienne à fourrer le dessus du fourneau iustement de part et
d'autre. Ainsi par artifice l'esprit de l'homme supplée à vn
besoin au defaut des poules : pouuant par ce moyen faire sans
elles en tout temps, ce qu'en un certain temps seulement Nature nous permet faire auec elles. Les poulets ainsi esclos for-

cement sont suiets à defluxions et rheumes, et par ainsi difficiles à esleuer; à cause de quoy en faudra auoir beaucoup plus de soin en leur premiere ieunesse, que des naturels pour les faire venir en leur parfait accroissement. Cecy ne sera sans merueille. En l'histoire du royaume de la Chine, escrite par Jean Gonçales, Espagnol, est monstrée la façon que les gens du pays tiennent pour auoir des canars sans mere couuant. Ils en mettent des œufs parmy du fumier, et

sans autre moyen, dans certain terme retirez delà, sont doucement cassez, l'un après l'autre, de chacun sort un petit caneton qu'après l'on nourrit et esleue dans des cages. Cela se fait durant l'esté; si c'est en hyuer, l'on y adiouste le feu, l'accommodant à cela pour fortifier la chaleur du fumier. En Egypte, vers le grand Caire et és villages tirans de là à la mer Rouge, font esclorre des œufs de poule dans des fours à ce appropriez. On mesle parmy les œufs du fien de chameau, dont la chaleur auec celle du feu mis au dessous le fourneau, en font sortir des poulets dans vingt iours, qu'ensuite l'on nourrit sans mere. Mais sçauentes gens auouent que les poulets missent difformes, deffectueux ou sur-aboundans en membres, iambes, aisles, crestes, ne pouuant tousiours à l'artifice imiter entierement la Nature.

« Encores peut-on descharger entierement toutes les poules de telle conduite, en subrogeant aux chapons, à cela tres-propres, y estant dressez vne fois. On choisit vn chapon de grand corps, assez ieune et bien eueillé, on luy plume le ventre, après on le luy frotte auec des orties picquantes : puis le chapon est enyuré avec des souppes au vin, faites de pain blanc et fort vin rouge, dont on lui baille manger tout son saoul. Ce traictement luy est continué par deux ou trois iours, pendant lesquels on le tient emprisonné dans une petite casse de bois, fermée auec son couuercle, mais esuentée par trous et fentes, afin que le chapon n'y estouffe. De là on le remuë dans une cage, en luy donnant pour compagnie, vn couple des poulets ja grandets, lesquels par manger et frequenter en-semble, le chapon caresse iusqu'à les couurir de ses aisles. Et telle approche des poulets ioignant le ventre plumé du chapon en la cuisson procedante des orties, apporte soulage-ment au chapon ; si que donnant aux poulets son entiere gue-rison, qui auent à la longue, il les prend en amitié ; voire telle qu'il ne les abandonne nullement, craignant que par leur absence son mal reuienne. Ce que voyant on augmentera le nombre des poulets, mais peu à peu, d'heure à autre, iusqu'à ce que toute la bande soit complette, de laquelle on veut que le chapon soit capitaine. Lequel, après vn couple de iours qu'il aura accoustumé ses poulets au logis, les sort en la campagne, où il les conduit auec toute affection et sage dexte-rité, estant continuellement aux escouttes, pour les défendre selon les occurrences, et en action pour les faire paietre, les promenant unis ensemble, à ce que mal ne leur aduienne. Et luy dure telle amitié fort longuement : car il ne les abandonne du pied ne de l'oeil iusqu'à ce qu'ils soient du tout grands, les cochets conuertis en chapons, et les poulettes facent les œufs.

« Or comme la meilleure conduite des poulets appartient au chapon, aussi la plus profitable couvée est deue à la poule d'Inde, laquelle pour son grand corps comme grande quantité d'œufs de poule commune, par sa grand chaleur, les eschauffe très-bien, et par sa constance, ne les abandonne jamais; si que toutes belles qualitez assemblées causent la naissance de plusieurs poulets à la fois: lesquels par après baillez à conduire au chapon, ne peuvent faillir de faire bonne fin. C'est-à-dire la quinte-essence du gouvernement de la poulaille commune, pour la faire abonder en la maison, que la poule commune n'estant employée qu'à couver, par conséquent rend des œufs en si grande abondance, et ensuite la poulaille en procède, comme il l'est, par la suffisance de la poule d'Inde et du chapon. »

Je voulais seulement extraire quelques fragments de cet adorable chapitre d'Olivier de Serres sur la poulaille, comme il l'appelle; et ayant qu'entraîné par le charme de ce chef-d'œuvre naïf et gracieux, je le reproduis tout entier, sans pouvoir me résoudre ni à le morceler, ni à l'interrompre.

Je le tiens pour certain. Personne ne s'en plaindra, et moi moins que tout autre.

En effet, j'imite l'aronde dont parle Plutarque, qui avait bâti son nid entre les pieds mêmes d'une statue de Minerve.

On épargnait le logis de l'oiseau à cause de la déesse; et peut-être épargnera-t-on mon livre en cause d'Olivier de Serres.

FIN

# TABLE

## CHAPITRE IV



## CHAPITRE V



## CHAPITRE VI



## CHAPITRE VII

## CHAPITRE VIII



## CHAPITRE IX



## CHAPITRE X



## CHAPITRE XI



## CHAPITRE XII

## CHAPITRE XIII



## CHAPITRE XIV



## CHAPITRE XV



## CHAPITRE XVI



## CHAPITRE XVII



Tours. — Impr. Mame.